식물비교도감

식물비교도감

초판　1쇄 발행 | 2009년 6월 15일
초판 10쇄 발행 | 2024년 4월 10일

글 | 김옥임 · 남정칠
사진 | 이원규
펴낸이 | 조미현
편집주간 | 김현림

펴낸곳 | (주)현암사
등록 | 1951년 12월 24일 · 제10-126호
주소 | 04029 서울시 마포구 동교로12안길 35
전화 | 365-5051 · 팩스 | 313-2729
전자우편 | editor@hyeonamsa.com
홈페이지 | www.hyeonamsa.com

글 ⓒ 김옥임 · 남정칠　2009
사진 ⓒ (주)현암사　2009

ISBN 978-89-323-1522-5　06480

이 도서의 국립중앙도서관 출판시도서목록(CIP)은 e-CIP 홈페이지(http://www.nl.go.kr/ecip)에서
이용하실 수 있습니다.(CIP제어번호 : CIP2009001564)

식물비교도감

김옥임 · 남정칠 글 | 이원규 사진

현암사

알쏭달쏭 비슷한 식물, 아는 만큼 보인다!

"선생님, 벌써 목련이 피었어요."

"와! 진달래꽃이다."

"이 소나무의 바늘잎은 두 개이고, 저 소나무는 세 개인데요?"

아이들과 함께 야외나 숲으로 체험활동을 나가면 아이들은 이쪽저쪽에서 궁금한 걸 물어보느라 바쁩니다. 숲 속에서 저절로 자라는 식물도, 정원에서 심어 가꾸는 식물도 계절마다 모습이 변합니다. 잎이 나오고, 꽃이 피고, 열매를 맺고, 단풍이 들고, 낙엽이 떨어진 앙상한 모습으로 말이죠. 심지어 우리 주위에는 모습이 너무 비슷해 알쏭달쏭한 식물이 많이 있습니다. 그러기에 한 계절만 보고는 눈앞에 있는 식물의 이름을 쉽게 알아내기 힘들뿐더러 정확하게 구별하기조차 어렵습니다.

이른 봄에 잎보다 꽃이 먼저 피는 목련은 백목련과 비슷해 자세히 관찰하지 않으면 구별하기 힘듭니다. 봄이 되면 이곳저곳 산야를 붉게 물들이는 진달래, 철쭉, 산철쭉도 꽃 모양이 매우 비슷해 아이들은 이름을 잘못 부르곤 합니다. 소나무류는 바늘잎의 수에 따라 그 이름이 다르기 때문에 종종 헷갈리지요. 그러나 식물의 이름 유래, 사는 곳, 모습, 쓰임새, 나무껍질, 열매, 잎, 꽃 등 식물의 특징만 제대로 파악한다면 전문가가 아니더라도 누구나 쉽게 구별할 수 있습니다.

이 책은 학교현장에서 '어떻게 하면 아이들이 보다 쉬운 방법으로 식물의 이름과 특징을 알 수 있을까' '어떻게 하면 아이들과 함께 체험활동을 재미있게 할 수 있을까' '특징과 모습이 서로 비슷한 식물을 쉽고 확실하게 구별하는 방법은 없을까' 오랜 기간 고심한 끝에 기획하게 되었습니다. 특히 식물을 관찰, 비교하는 체험활동은 어느 학습법보다 식물을 정확하게 알 수 있는 학습법이며, 이렇게 비교하다 보면 관찰력을 키우고 자연을 배우는 기회가 될 것입니다.

기존 식물 관련 책은 소수의 사진과 함께 각각의 식물을 설명하는 도감류가 대부분입니다. 한

식물의 생태를 자세하게 살펴볼 수 있는 장점이 있지만 비슷해 보이는 식물의 특징을 정확하게 비교하기에는 충분하지 못했습니다. 아이들과 함께 식물관찰학습을 할 때 가장 아쉬웠던 부분입니다.

세계는 지금 '환경' 위기에 직면해 있으며, 선진국들은 자원을 효율적·환경 친화적으로 이용하기 위해 노력하고 있습니다.

이번에 정부가 '저탄소 녹색성장'을 향후 60년의 새로운 국가비전으로 제시한 것도 세계적 경향 변화에 동참하기 위한 것입니다. 즉, 세계는 환경문제에 대한 고려 없이는 유지될 수 없는 실정입니다. 그러므로 우리는 자연 속에서 체험하며 자연의 이치와 소중함을 스스로 깨닫도록 친환경적인 환경교육이 필요합니다.

이 책은 초·중·고 교과서에 많이 나오고, 우리 주변에서 흔히 볼 수 있는 식물 중 비슷하여 구별이 어려운 식물을 소개하였습니다. 우리나라의 자생종과 외래종을 구분하지 않고 식물 공부를 하는 데 꼭 알아야 할 기본적인 식물 80종을 형태나 생태가 비슷한 식물끼리 묶었습니다. 설명과 함께 식물의 실제 모습을 컬러 사진으로 생생하게 보여 주므로 누구나 식물의 특징과 이름을 자연스럽게 익히고 쉽게 이해할 수 있습니다.

아이들은 자연과의 상호작용 속에서 보고 느끼고 관찰하면서 식물에 대한 지식이 자연스럽게 쌓일 것이며, 스스로 환경문제를 해결하고 실천할 수 있는 아름다운 심성 또한 기를 수 있습니다. 나아가 과학교사뿐 아니라 숲 가꾸기 담당자나 숲 체험활동교사, 숲 해설가, 그리고 식물에 관심이 많은 모든 분야의 사람에게 식물이나 숲에 관해 공부할 수 있는 지침서가 될 것입니다.

끝으로 이 책이 나무와 풀, 그리고 숲과 자연을 아끼고 사랑하는 모든 이에게 조금이나마 도움이 되고, 나아가 우리나라의 녹색성장에 이바지할 수 있도록 보탬이 되었으면 하는 바람입니다.

김옥임 · 남정칠

교재식물이며 흔히 볼 수 있는 식물 총 80종을 다루었습니다.

제7차 교육과정의 초·중·고 교과서에 많이 나오고, 우리 주변에서 흔히 볼 수 있는 식물 중에서 비슷하여 구별이 어려운 식물을 우리나라의 자생종과 외래종의 구분 없이 골랐으며, 식물 공부를 하는 데 꼭 알아야 할 기본적인 식물 총 80종을 다루었습니다.

형태나 생태가 비슷한 식물끼리 묶어서 서로 비교하였습니다.

분류는 해부학적인 특색을 취한 Fuller와 Tippo의 방식을 따랐으며, 배열은 겉씨식물, 속씨식물(외떡잎식물 및 쌍떡잎식물)의 순으로 하였습니다. 식물의 형태나 생태가 비슷한 식물끼리 묶어서 비교하며 식물의 특징과 이름을 자연스럽게 익히고 쉽게 이해할 뿐만 아니라 식물에 대한 흥미를 갖도록 하였습니다.

식물 용어는 되도록 우리말을 사용하였습니다.

식물 용어는 되도록 쉬운 우리말을 사용하였으며, 용어 중 우리말로 바꾸면 그 뜻이 모호해지는 경우에는 한자어를 그대로 사용하였습니다. 한 식물의 특징을 이해하는 데 필요한 전문적인 내용도 넣어 두었습니다. 이해를 돕기 위하여 부록 편에 '식물 용어 해설'을 덧붙였습니다.

비교체험활동을 돕는 컬러 사진을 풍부하게 담았습니다.

이 책에는 식물의 실제 모습을 생생하게 보여 주는 컬러 사진이 760여 컷 들어 있습니다. 식물이

자라면서 변해 가는 모습, 즉 식물의 전체 모습과 잎, 암꽃과 수꽃, 열매, 나무껍질 등을 상세히 보여 줘 비교·관찰하여 특징을 구별할 수 있도록 하였습니다.

비교체험활동을 위하여 '비교 포인트'를 만들었습니다.

비교체험활동의 효과를 높이기 위하여 비교하는 식물의 설명이 끝나는 마지막 부분에 '비교 포인트'를 만들었습니다. 각 식물의 사는 곳, 모습, 쓰임새, 꽃, 가시, 열매 등의 특징과 차이점을 확인해 보면서 비교체험활동의 학습효과를 극대화할 수 있습니다.

학교 수업시간에도 활용할 수 있습니다.

이 책에 수록된 총 80종의 식물은 초·중·고 교과서에 나오는 교재식물이므로 수업시간에도 활용할 수 있습니다.

숲 해설(체험활동)을 위한 지침서가 됩니다.

이 책은 숲에서 체험활동을 하려는 교사, 숲 해설가들이 가장 먼저 가르쳐야 하는 기본이 되는 식물을 위주로 뽑았기 때문에 체험활동을 위한 지침서가 됩니다. 비교체험활동은 학생들로 하여금 자연과의 상호작용 속에서 보고 느끼고 관찰하는 가운데 자연의 조화와 질서를 배우게 되어 스스로 환경문제를 해결하고 실천할 수 있는 심성을 기르게 합니다.

차례

소나무류

소나무 | 곰솔 | 반송 | 리기다소나무 | 백송 | 대왕송 | 잣나무 | 섬잣나무 | 스트로브잣나무

소나무류는 식물 분류상 소나무과에 속한다. 늘푸른 바늘잎나무로 북반구에 널리 분포한다. 2엽송, 3엽송, 5엽송으로 구분할 수 있는데, 2엽송에는 소나무, 곰솔, 반송이 있고, 3엽송에는 리기다소나무, 백송, 대왕송이 있으며, 5엽송에는 잣나무, 섬잣나무, 스트로브잣나무가 있다. 그 종류도 많을뿐더러 우리나라 전 지역의 경관을 조성하는 풍치수로 매우 뛰어나다.

소나무 *Pinus densiflora* S. et Z.

소나무과 | 솔, 솔나무, 적송, 육송

소나무는 순수한 우리말 '솔'에서 나온 이름인데, 솔은 '으뜸'을 뜻하는 '수리'가 변해서 된 말이다. 껍질이 붉다 하여 '적송', 내륙 지방에 분포한다 하여 '육송'이라고 부른다.

사는 곳　우리나라 전역에서 저절로 자란다.

모습　늘푸른 바늘잎 큰키나무
　　　높이는 30m이다. 오래된 나무의 껍질은 붉고 조각조각 떨어진다.

쓰임새　품질이 좋은 목재여서 예부터 궁궐이나 유명한 절 등을 지을 때 많이 썼다. 잎으로는 약, 차, 술, 음료수를 만든다. 송진은 염증을 빨리 곪게 하므로 고약이나 반창고를 만들 때 쓴다.
　　　솔잎은 잇몸에서 피가 나고 상처가 잘 아물지 않을 때 쓴다.

수꽃
길이 약 1cm로 옅은 노란색이고
타원꼴이다. 새 가지의 아래쪽에
20~30개가 생긴다.

암꽃
길이 약 0.6cm로 붉고 달걀꼴이다.
새 가지의 끝에 2~3개가 생긴다.

나무껍질
붉고 조각조각 떨어진다.

잎
2장씩 모여 나며 바늘잎이다.
길이 6~12cm이다.

열매
구과. 꽃이 핀 이듬해 9월에 짙은
갈색으로 익는다. 길이 3~5.5cm,
지름 3cm로 달걀꼴이다. 열매조각은
70~100개이다. 씨앗은 흑갈색이다.

겨울눈
적갈색

소나무에 얽힌 이야기

조선의 제7대 임금인 세조가 피부병을 치료하기 위해 가마를
타고 속리산 법주사로 가고 있었다. 그런데 절 가까이에 낮게
드리워진 소나무 가지를 보고 세조가 "가마가 소나무 가지에
걸리겠다."고 하자 소나무 가지가 저절로 올라가 세조는 무사
히 지나갈 수 있었다. 이를 기특하게 여긴 세조는 소나무에 정2
품 벼슬을 내렸다. 이 소나무가 바로 충청북도 보은의 속리산
입구에 있는 정이품송이고 나이는 600살쯤 되었다. 천연기념물
제103호로 지정하여 보호한다.

소나무류

곰솔 *Pinus thunbergii* Parlatore
소나무과 | 해송, 흑송

잎이 소나무에 비해 억세다고 '곰솔', 염분에 강하여 해안가에 분포하므로 '해송', 나무껍질이 검다고 '흑송'이라고 부른다.

사는 곳   중부 이남의 해안가에서 잘 자란다.

모습   늘푸른 바늘잎 큰키나무
높이는 28m이다. 나무껍질은 흑갈색이며, 나무 전체의 질감은 소나무에 비하여 거칠다.

쓰임새   해안가의 경치를 꾸미기 위해 심으며, 방풍림 역할을 한다. 땔감용으로 좋다.

수꽃
길이 약 1.5cm로 자갈색이고
타원꼴이다. 비늘조각마다 2개의
꽃밥이 달린다.

암꽃
길이 약 0.6cm로 달걀꼴이다.
옅은 붉은색에서 자줏빛을 띤
붉은색으로 변한다.

나무껍질
흑갈색이고 깊게 갈라진다.

잎
2장씩 모여 나며 바늘잎이다.
길이 9~14cm이다.

열매
구과. 꽃이 핀 이듬해 9월에 녹갈색으로
익는다. 길이 4.5~6cm, 지름 3~4cm
로 달걀꼴이다. 가지 끝에 1개나
여러 개가 달린다. 열매조각은
50~60개이다. 씨앗은 흑자색이다.

겨울눈
흰색

곰솔 이야기

곰솔은 제주도로부터 동해안에서는 울진, 서해안에서는 경기
도 수원 부근의 해안에 걸친 해안 지대 및 섬 지방에서 자란다.
남해안에서는 분포의 범위가 가장 넓어 해안으로부터 4~8km
떨어진 곳까지 자라지만 동해안에서는 북쪽으로 가면서 띠 모
양의 분포 지역이 점점 좁아진다. 제주도 제주시 아라동의 곰
솔(천연기념물 제160호), 전라남도 무안군 망운면의 곰솔(천연기념물
제269호), 부산광역시 남구 수영동의 곰솔(천연기념물 제270호) 등
은 천연기념물로 지정되어 있다.

반송 *Pinus densiflora* for. *multicaulis* Uyeki
소나무과 | 옥송, 다행송, 만지송

나무의 모양이 수반처럼 동그랗게 보이므로 '반송' 또는 '옥송' 이라고 부른다. 가지가 지면에서 많이 갈라져 '다행송' 이라고도 한다.

사는 곳 우리나라 전역에서 저절로 자란다.

모습 늘푸른 바늘잎 중간키나무
높이는 10m이다. 나무의 밑동 부분 굵은 줄기가 하나로 곧게 올라가지 않고 여러 개로 갈라져 부채꼴을 만든다.

쓰임새 정원과 학교, 공원 등에 지표식물로 많이 심는다.

수꽃
길이 약 1cm로 자갈색이고 타원꼴이다.
새 가지의 아래쪽에 달린다.

암꽃
길이 약 0.6cm로 붉고 달걀꼴이다.
새 가지의 끝에 2~3개가 생긴다.

나무껍질
붉고 조각조각 떨어진다.

열매
구과. 꽃이 핀 이듬해 9월에 짙은
갈색으로 익는다. 길이 3~5.5cm,
지름 3cm로 달걀꼴이다

잎
2장씩 모여 나며 바늘잎이다.
길이 6~12cm이다.

겨울눈
적갈색

반송 이야기

반송은 지면으로부터 여러 줄기가 나와 나무의 전체 모습이 부채 모양으로 아름답기 때문에 예부터 정원이나 공원, 학교 및 절에서 경치를 꾸미기 위해 많이 심어 왔다. 우리나라에는 나무의 나이가 400년이 넘은 반송도 있다. 전라북도 무주군 설천면의 반송(천연기념물 제291호), 경상북도 문경군 농암면의 반송(천연기념물 제292호), 경상북도 상주군 화서면의 반송(천연기념물 제293호), 경상북도 구미시 선산읍 독동의 반송(천연기념물 제357호)은 천연기념물로 지정하여 보호한다.

리기다소나무 *Pinus rigida* Miller
소나무과 | 세잎소나무, 삼엽송, 미국삼엽송

리기다소나무는 학명의 종명인 리기다에서 이름이 붙여졌다. 잎이 3장씩 모여 나므로 '세잎소나무', '삼엽송'이라고 부른다. 우리나라에서는 미국에서 들여왔다고 하여 '미국삼엽송'이라고도 한다.

사는 곳 원산지는 북아메리카이며 우리나라 전역에서 심는다. 건조한 곳이나 습지에서 잘 자란다.

모습 늘푸른 바늘잎 큰키나무. 높이는 15~20m이다.
가지가 넓게 퍼지고 싹 트는 힘이 강하여 원줄기에도 짧은 가지가 나와 잎이 달린다.

쓰임새 메마르고 척박한 땅에서도 잘 자라 산사태를 막기 위해 많이 심는다. 목재는 소나무보다
질이 나쁘나 줄기가 곧아서 곳간이나 동물 우리, 말뚝을 만드는 데 쓴다.

수꽃
원통꼴로 황자색이다. 새 가지의
아래쪽이 여러 개가 달린다.

암꽃
달걀꼴로 붉은색이다.
새 가지의 끝에 2~3개가 생긴다.

나무껍질
붉은 갈색이다. 가지가 아닌 원줄기에도 잎이 난다.

열매
구과. 꽃이 핀 이듬해 10월에
짙은 갈색으로 익으며 오랫동안 가지에
달려 있다. 길이 3~7cm로 달걀꼴이다.
씨앗은 흑갈색이다.

겨울눈
짙은 갈색

잎
3장씩 모여 나며 바늘잎이다.
길이 7~14cm이다.

백송 *Pinus bungeana* Zuccarini
소나무과 | 흰소나무, 백골송

백송은 오래된 줄기의 껍질이 불규칙하게 떨어져나가 녹색, 회색, 흰색으로 변하기 때문에
붙여진 이름이며, '흰소나무' 라고도 한다. 줄기의 색이 아름다워 신비한 멋을 풍긴다.

사는 곳   우리나라에는 약 600년 전 중국에서 들여왔으나 이식력이 약하여 널리 퍼지지 못하였다.

모습   늘푸른 바늘잎 큰키나무
높이는 15m이다. 줄기의 나무껍질이 불규칙하게 떨어져나가 녹색, 회색, 흰색의 삼색을 띤다.

쓰임새   줄기의 삼색이 매우 아름다워 공원, 학교 등 경치를 꾸미는 데 쓴다.

수꽃
긴 타원꼴로 황갈색이다. 새 가지의
아래쪽에 20~30개가 달린다.

암꽃
달걀꼴로 황갈색이다.
새 가지의 끝에 2~3개가 달린다.

나무껍질
불규칙하게 떨어져나가고 녹색, 회색, 흰색을 띠어 버즘나무와 비슷하다.

열매
구과. 꽃이 핀 이듬해 10월에 익는다.
길이 6cm, 지름 4.5cm로 달걀꼴이며,
열매조각은 50~60개이다.
씨앗은 흑갈색이다.

잎
3장씩 모여 나며 바늘잎이다.
길이 7~9cm이다.

겨울눈
갈색

대왕송 *Pinus palustris* Miller
소나무과 | 왕솔나무

우리나라에서는 심는 소나무류 중 잎의 길이가 20~40cm로 가장 길기 때문에 '대왕송' 또는 '왕솔나무'라고 부른다.

사는 곳 원산지는 북아메리카로 추위에 매우 약하다. 주로 제주도에서 심는다.

모습 늘푸른 바늘잎 큰키나무
높이는 30m이다. 나무의 껍질은 엷은 갈색이며, 모습은 위가 평편한 원추꼴이다.
가지 수는 적고 굵은 가지의 끝에 긴 바늘잎이 먼지떨이 모양으로 길게 붙어 있다.

쓰임새 잎의 길이가 길어서 독특한 경관을 나타내므로 정원수, 공원수, 기념수로 이용한다.

겨울눈
갈색

열매
구과. 꽃이 핀 이듬해 10월에 익는다.
길이 15~25cm로 달걀꼴이다.

나무껍질
옅은 갈색이다.

잎
3장씩 모여 나며 바늘잎이다.
길이 20~45cm이다.

대왕송 이야기

미국 남부의 대서양쪽 해안을 따라 자라며 우리나라에는 1930
년경에 들여왔다. 추위에 약하여 따뜻한 남쪽 지방이나 제주도
에 심어 가꿀 수 있다. 원산지에서는 송진 채취의 주요 자원으
로 이용하며 솔잎에서 섬유를 얻는다.

잣나무

Pinus koraiensis S. et Z

소나무과 | 홍송, 과송, 상강송, 유송, 오엽송

잣나무에는 잣을 생산하는 나무라는 뜻이 있다. 목재가 엷은 홍색을 띠어서 '홍송', 열매인 잣을 중히 여겨 '과송', 잎이 서리를 맞은 듯하여 '상강송', 기름이 많아 '유송' 이라고 부른다.

사는 곳   우리나라 남부의 높은 산지와 중부 지방에서 저절로 자란다.

모습   늘푸른 바늘잎 큰키나무
높이는 20~30m이다. 나무껍질은 검은 갈색으로 오래되면 조각조각 떨어진다.

쓰임새   목재는 빛깔이 붉고 무늬도 아름다우며 향기도 좋아 고급재로 쓴다. 잎은 짙은 녹색으로 약간
흰빛이 돌며 특유의 광택이 있어 조경수로 많이 쓴다. 씨앗은 잣죽을 만들어 먹기도 하고 수정과,
식혜 등의 전통 차에 띄우기도 한다.

수꽃
달걀꼴로 황갈색이다. 5월에 5~6개가
새 가지의 아래쪽에 달린다.

나무껍질
흑갈색으로 오래되면 갈라진다. 목재는 옅은 홍색이다.

암꽃
달걀꼴이며 새 가지의 끝에 2~5개가
달린다.

열매
구과. 꽃이 핀 이듬해 10월에
짙은 갈색으로 익는다.
길이 12~15cm, 지름 6~8cm이다.

씨앗
날개가 없으며 먹는다.

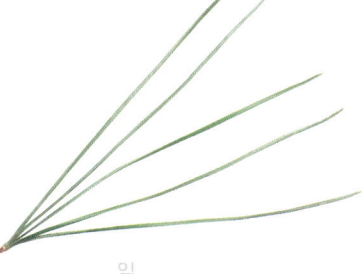
잎
5장씩 모여 나며 바늘잎이다.
길이는 7~12cm이다.

겨울눈
적갈색

잣나무에 얽힌 이야기

고려 명종은 허약한 체질로 고생했는데 그것을 고치기 위해 잣
으로 술을 담가 먹었다고 한다. 그런데 당시에 잣을 따는 일이
매우 힘들었다. 이 사실을 안 명종은 백성의 수고를 덜어 주고
자 그 후로는 잣술을 마시지 않았다고 한다.

섬잣나무 *Pinus parviflora* S. et Z.
소나무과 | 오엽송

우리나라 식물 중 특히 울릉도 특산종은 '섬', '우산'이라는 단어가 이름 앞에 많이 붙는다. 섬잣나무도 우리나라 울릉도가 자생지이므로 '섬잣나무'라고 부르게 되었다.

사는 곳　울릉도에서 저절로 자란다. 현재 우리나라에서 정원수로 많이 심는 섬잣나무는
　　　　　일본에서 들여온 것이 많다.

모습　늘푸른 바늘잎 큰키나무
　　　높이는 30m이다. 어릴 때의 모양은 원추꼴이나 점차 타원꼴로 변한다.
　　　잣나무보다 잎과 가지가 더 빽빽하고 마디 사이가 더 좁은 것이 특징이다.

쓰임새　나무의 모양이 아름다워 정원이나 좁은 지역에 독립수로 재배한다.

수꽃
긴 타원꼴로 황색이다. 새 가지의
아래쪽에 20개까지 달린다.

암꽃
타원꼴이며 새 가지의 끝에
1~6개가 달린다.

나무껍질
어릴 때는 미끈하고 회색이다. 자라게 되면 더욱 짙은 회색을 띠며
비늘 모양으로 껍질이 벗겨진다.

열매
구과. 꽃이 핀 이듬해 9월에
황갈색으로 익는다. 길이 4~7cm, 지름
4~5cm로 원통꼴 또는 긴 달걀꼴이다.
씨앗은 흑갈색이며 날개가 있다.

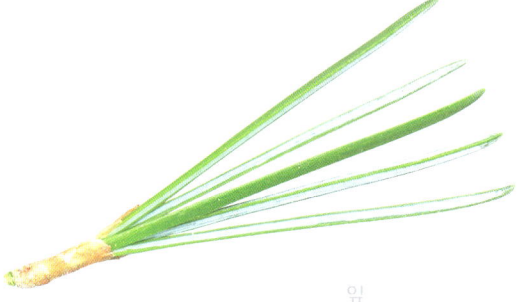

잎
5장씩 모여 나며 바늘잎이다.
길이는 3.5~6cm이다.

겨울눈
적갈색

스트로브잣나무

Pinus strobus L.
소나무과 | 가는잎소나무

스트로브잣나무는 학명의 종명인 스트로브에서 그 이름이 붙여졌다. 잣나무에 비해 잎이 매우 가늘어서 '가는잎소나무' 라고도 한다.

사는 곳 원산지는 북아메리카 동부 지역이다. 우리나라 전역에서 심는다.

모습 늘푸른 바늘잎 큰키나무
높이는 30m이다. 잎이 가늘고 밑으로 처지며, 나무껍질은 미끈하며 붉은 갈색을 띤다.

쓰임새 아파트의 울타리, 고속도로의 가로수 등으로 많이 심는다. 목재는 건축재, 가구재로 쓴다.

수꽃
달걀꼴로 황록색이다. 5월에
새 가지의 아래쪽에 20개까지 달린다.

암꽃
타원꼴이며 새 가지의 끝에 1~6개가
달린다.

열매
구과. 꽃이 핀 이듬해 8월 하순~9월
상순에 익는다. 길이 8~20cm,
지름 2.5cm로 원통꼴이다. 씨앗은
자갈색이며 날개가 있다.

겨울눈
적갈색

나무껍질
어릴 때는 밋밋하지만 자라게 되면 밑이 갈라진다.
작은 가지는 녹갈색이다.

어린 나무의 껍질

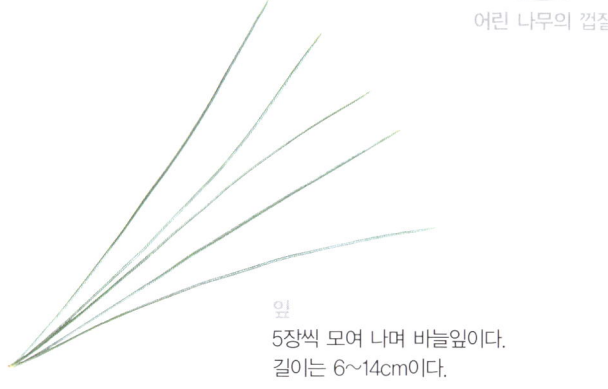

잎
5장씩 모여 나며 바늘잎이다.
길이는 6~14cm이다.

소나무류

소나무의 바늘잎 종류로는 2엽, 3엽, 5엽이 있다. 소나무, 곰솔, 반송의 잎은 2장씩 모여 나므로 2엽에, 리기다소나무, 백송, 대왕송의 잎은 3장씩 모여 나므로 3엽에, 잣나무, 섬잣나무, 스트로브잣나무의 잎은 5장씩 모여 나므로 5엽에 속한다.

식물명	모습	잎의 수 / 길이	나무껍질	겨울눈	특징
소나무	늘푸른 큰키나무	2엽 6~12cm	적갈색	적갈색	우리나라에 가장 많이 분포한다.
곰솔	늘푸른 큰키나무	2엽 9~14cm	흑갈색	흰색	송진이 많아 땔감으로 사용한다. 굵다.
반송	늘푸른 중간키나무	2엽 6~12cm	적갈색	적갈색	밑동에서 여러 줄기가 나오며 바늘잎이 빽빽하다. 가늘다.
리기다소나무	늘푸른 큰키나무	3엽 7~14cm	적갈색	짙은 갈색	나무 원줄기에서 잎이 나온다.
백송	늘푸른 큰키나무	3엽 7~9cm	삼색 (녹색, 회색, 흰색)	갈색	나무껍질이 비늘처럼 벗겨진다.
대왕송	늘푸른 큰키나무	3엽 20~45cm	옅은 갈색	갈색	소나무류 중에서 잎이 가장 길다.
잣나무	늘푸른 큰키나무	5엽 6~12cm	흑갈색	적갈색	잎에 흰 기공조선이 있고, 씨앗에 날개가 없다.
섬잣나무	늘푸른 큰키나무	5엽 4~7cm	짙은 회색	적갈색	잎에 흰 기공조선이 있고, 씨앗에 날개가 있다.
스트로브잣나무	늘푸른 큰키나무	5엽 6~14cm	적갈색	적갈색	잎에 흰 기공조선이 있고, 잣나무보다 잎이 가늘다.

측백나무 · 편백 · 화백

측백나무과에 속하는 늘푸른 바늘잎 큰키나무이다. 측백나무는 원산지가 우리나라이며, 편백
과 화백은 원산지가 일본이다. 측백나무와 화백은 울타리용으로 많이 심으며, 편백은 목재를
생산하려고 산지에 많이 심는다.

측백나무

Thuja orientalis L.

측백나무과 | 측백, 백자인

측백나무는 잎의 앞뒤 모양이 똑같다. 겉과 속이 같은 군자와 비슷하다고 하여 '군자나무'라고 칭송한다. 석회암 지대에서 잘 자라며 바닷가에서는 방풍림으로 가꾼다.

사는 곳 우리나라 전역에서 저절로 자란다.

모습 늘푸른 바늘잎 큰키나무
높이는 25m이다. 나무껍질은 회갈색이며 세로로 갈라지면서 길고 얇게 벗겨진다.

쓰임새 추위와 가뭄, 공기 오염에 잘 견디므로 조경수나 울타리용으로 많이 심는다.
줄기는 향기롭고 단단하며 잘 상하지 않아 건축재, 선박, 조각재로 쓴다.
씨앗은 '백자인'이라 하여 기침, 가래, 변비의 치료약으로 쓰며 깊은 잠을 자도록 도와준다.

수꽃
달걀꼴로 옅은 자갈색이다. 전년생의 가지 끝에 1개씩 달리며 4월에 핀다.

나무껍질
회갈색이다. 세로로 갈라지며 길고 얇게 벗겨진다.

암꽃
암수한그루. 둥근꼴이며 옅은 갈색으로 4월에 핀다.

잎
마주 나고 비늘잎이 포개지는 모양은 W자형이다. 잎은 길이 0.25cm로 만지면 부드럽다. 잎의 양면은 모양이 같고 녹색이므로 편백, 화백과 쉽게 구별된다.

측백나무에 얽힌 전설

측백나무는 예부터 신선이 되는 나무로 알려져 귀하게 대접을 받았다. 중국의 『열선전』에는 적송자라는 사람이 측백나무 씨를 꾸준히 먹었더니 나이 들어 빠져 버린 이가 새로 나왔다는 이야기가 전한다. 『화원기』에도 백엽선인이라는 노인이 측백나무 잎을 꾸준히 먹었더니 나이가 들어도 어린아이 피부처럼 부드럽고 피부에서 광채가 났으며, 흰머리가 다시 검어지고 몸이 깃털처럼 가벼워져 신선이 되었다고 한다.
대구광역시 달성군 도동마을 향산의 약 1,000그루의 측백나무 숲은 천연기념물 제1호로 지정하여 보호한다.

열매
구과. 달걀형 둥근꼴로 길이 1.5~2cm이다. 열매조각은 8개이며, 9~10월에 흑갈색으로 익는다. 씨앗은 길이 0.5cm로 흑갈색이고 열매 한 조각에 2~3개, 한 열매에 2~6개 들어 있으며 날개가 없다.

편백 *Chamaecyparis obtusa* Endlicher

측백나무과 | 편백나무

원산지는 일본이다. 우리나라에서는 주로 남부 지방의 산지에 목재를 생산하기 위해 심어 가꾼다.

사는 곳   원산지는 일본이며, 우리나라 남부의 산지에 많이 심는다.

모습   늘푸른 바늘잎 큰키나무
높이는 40m이다. 나무껍질은 붉은 갈색이며 세로로 얇게 벗겨진다.

쓰임새   비늘 같은 잎과 조각으로 벗겨지는 나무껍질이 아름다워 독립수, 울타리용으로 심는다.
목재의 재질이 좋아 옛날부터 고급 건축재로 이용하였다.

수꽃
타원꼴 또는 긴 타원꼴로 자갈색이다.
전년생의 가지 끝에 1개씩 달리며
4월에 핀다.

암꽃
암수한그루. 둥근꼴이며
옅은 갈색으로 4월에 핀다.

나무껍질
붉은 갈색이다. 세로로 얇게 벗겨진다.

잎
잎 뒷면에 비늘잎이 포개지는 모양은
Y자형이며 흰색의 선으로 나타난다.
잎의 끝은 둔한 둥근꼴이며 만지면
부드럽다.

열매
구과. 둥근꼴로 지름 1~1.2cm이다.
열매조각은 8~10개이며, 9~10월에
갈색으로 익는다. 씨앗은 길이 0.3cm
로 열매조각마다 2개씩 들어 있으며,
긴 세모꼴로 좁은 날개가 있다.

편백과 삼나무는 어떻게 구별할까?

편백휴양림의 산책로를 걷다 보면 의문이 든다. 똑같이 갈색 껍질이 반쯤 벗겨진 것처럼 보이는데, 어떤 나무는 '편백', 다른 나무는 '삼나무' 라는 이름표가 붙어 있다. 편백과 삼나무는 어떻게 구별할까? 편백 잎은 납작하며, 삼나무 잎은 뾰족하다. 잎을 만져 보면 편백은 부드러우나 삼나무는 꺼끌꺼끌하다. 편백과 삼나무는 모두 원산지가 일본이나 우리나라에는 1920년경에 목재를 생산하기 위해 도입되었다.

화백 *Chamaecyparis pisifera* Endlicher
측백나무과 | 화백나무

원산지는 일본이다. 우리나라에는 1920년경에 도입되어 주로 중부 이남 지방에서 울타리용으로 많이 심는다.

사는 곳   원산지는 일본이며 우리나라 전역에서 울타리용으로 심는다.

모습   늘푸른 바늘잎 큰키나무. 높이는 30m이다. 나무껍질은 붉은 갈색이고 세로로 얇게 벗겨지며, 편백보다 회색빛이 더하다. 가지는 수평으로 퍼지며, 작은 가지는 편평하고 밑으로 처진다.

쓰임새   바늘 같은 잎과 조각으로 벗겨지는 나무껍질이 아름다워 독립수, 울타리용으로 많이 심는다. 가지가 실처럼 가늘게 아래로 처지는 것을 실화백(var. *filifera* Beiss. et Hort.)이라 하며 관상용으로 심는다.

수꽃
타원꼴로 옅은 자갈색이다. 전년생의
가지 끝에 1개씩 달리며 4월에 핀다.

암꽃
암수한그루. 둥근꼴이며
옅은 갈색으로 4월에 핀다.

나무껍질
붉은 갈색이다. 세로로 얇게 벗겨지며, 편백보다 회색빛이 더하다.

열매
구과. 둥근꼴로 지름 0.6cm이다.
열매조각은 8~12개이며, 9~10월에
갈색으로 익는다. 씨앗은 길이 0.25cm
로 열매조각마다 2개씩 들어 있으며,
양쪽에 넓은 날개가 있다.

잎
편백을 닮았으나 비늘잎이 포개지는
모양은 X자형이다. 잎의 앞면은
녹색을 띠나 뒷면은 흰 기공조선이
많이 분포해 분을 칠한 것처럼
하얗게 보인다.
잎 끝이 뾰족하여 만지면 따갑다.

측백나무, 편백, 화백

나무의 모습은 비슷하나 잎의 모양이 서로 다르다. 측백나무의 잎은 녹색으로 앞면과 뒷면의 색깔과 모양이 서로 같다. 편백과 화백의 잎은 매우 비슷한데, 잎 끝이 둔하고 뒷면의 흰색 기공조선이 Y자 모양이면 편백, 잎 끝이 뾰족하고 뒷면의 흰색 기공조선이 대체로 X자 모양이면 화백이다.

식물명	잎	나무껍질	열매
측백나무	W자형, 앞면과 뒷면의 모양이 같다. 만지면 부드럽다.	회갈색	날개 없음, 8개, 길이 1.5~2cm 열매조각은 겹쳐져 있다.
편백	Y자형, 뒷면에 Y자 모양의 흰색 선이 있다. 만지면 부드럽다.	적갈색	좁은 날개, 8~10개, 지름 1~1.2cm 열매조각은 맞닿아 있다.
화백	X자형, 뒷면은 흰 가루를 뿌린 듯하다. 만지면 꺼끌꺼끌하다.	적갈색	넓은 날개, 8~12개, 지름 0.6cm 열매조각은 맞닿아 있다.

왕대·맹종죽·솜대

왕대, 맹종죽, 솜대, 이대, 조릿대 등을 통틀어 '대나무' 라고 부른다. 전 세계에 살고 있는 대나무류는 1,000여 종이며, 계절풍이 부는 아시아 지방에서 많이 자란다. 대나무류는 왕대류, 조릿대류, 이대류 크게 세 갈래로 나뉜다. 왕대류는 줄기가 곧고 굵으며 높이 자라고, 조릿대류는 키가 작으며 숲 속에서 자라고, 이대류는 줄기가 가늘고 높이 5m 이상 자라지 않으며 마을 근처에 모여 자란다. 우리나라에는 왕대, 맹종죽, 솜대, 오죽, 구갑죽, 이대, 조릿대 등이 잘 자란다.

왕대

Phyllostachys bambusoides S. et Z.
벼과 | 참대, 늦죽, 고죽

솜대에 비해 줄기가 굵어서 '왕대' 라고 부르며, 죽순이 나오는 시기가 조금 늦기 때문에 '늦죽' 이라고도 한다. 우리나라에서 흔히 심으며 쓰임새가 가장 많다. 줄기는 자라면서 녹색에서 황록색으로 변하며 마디에서 2~3개의 가지가 나오고 마디의 고리는 2개이다.

사는 곳 원산지는 중국이다. 우리나라 충청도 이남 지방에서 심어 가꾼다.

모습 늘푸른 큰키나무
높이 20m, 지름 13cm까지 자라지만 추운 곳에서는 높이 3m, 지름 1cm밖에 자라지 못한다.
줄기는 가지를 2~3개씩 치며, 뿌리줄기가 옆으로 뻗는다.

쓰임새 죽순은 먹고, 잎, 뿌리, 뿌리줄기, 죽순껍질 등은 약으로 쓴다. 목재는 건축재, 죽세공으로 쓴다.

죽순 시기
5월 중순~6월 중순

줄기
녹색에서 황록색으로 변한다.
마디의 고리는 2개씩이다.

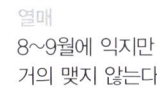

잎
어긋나기. 가지 끝에
3~7장씩 달린다.
길이 10~20cm,
너비 1.2~2cm로
긴 피침꼴이다.

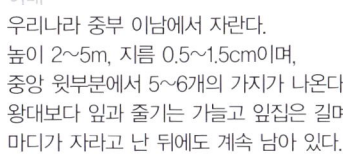

이대
우리나라 중부 이남에서 자란다.
높이 2~5m, 지름 0.5~1.5cm이며,
중앙 윗부분에서 5~6개의 가지가 나온다.
왕대보다 잎과 줄기는 가늘고 잎집은 길며
마디가 자라고 난 뒤에도 계속 남아 있다.

열매
8~9월에 익지만
거의 맺지 않는다.

꽃
암수한그루이며 원추꽃차례.
6~7월에 60~100년 만에 한 번 핀다.
가지 끝이나 잎겨드랑이에 달리며
옅은 노란색이다. 꽃차례의 길이는
5~10cm이다.

대에 관한 노래

나무도 아닌 것이 풀도 아닌 것이
곧기는 뉘가 시켰으며 속은 어이 비었는가
저렇게 사시에 푸르니 그를 좋아하노라.

물, 돌, 솔, 대, 달 다섯 가지 자연의 친구에 대해 노래한 고산
윤선도의 「오우가」 중 대에 관한 노래이다. 청렴하고 늘 푸른
모습에 대한 각별한 애정이 담겨 있음을 알 수 있다.

맹종죽 *Phyllostachys pubescens* Mazel
벼과 | 죽순대, 죽신대

옛날 부모님에 대한 효성이 지극한 중국 오나라 사람 맹종의 전설에 의해서 '맹종죽'이라
부르게 되었다. 죽순이 굵으며 달고 맛있어 '죽순대'라고도 한다.

사는 곳　우리나라 남부 지방에서 심어 가꾼다.

모습　늘푸른 큰키나무
　　　　높이 10~20m, 지름 20cm로 매우 굵으며 왕대나 솜대와는 달리 마디에 고리가 1개이다.
　　　　마디는 왕대나 솜대보다 짧다.

쓰임새　죽순은 먹고 목재는 죽세공으로 쓴다.

죽순 시기
4월 상순~5월 상순

줄기
녹색에서 황록색으로 변한다.
마디의 고리는 1개씩이다.

구갑죽
늘푸른 중간키나무로 높이는 5~7m이다.
줄기의 마디와 마디 사이의 상태가 거북이
등처럼 생겨서 '구갑죽'이라고 부르게
되었으며, 맹종죽의 뿌리줄기에서 나온
변이종이다.

잎
어긋나기. 가지 끝에 3~8장씩
달린다. 길이 7~10cm,
너비 1~1.2cm로 긴 피침꼴이다.

열매
8~9월에 익지만 거의 맺지 않는다.

꽃
암수한그루이며 원추꽃차례.
7~10월에 60~100년 만에
한 번 핀다. 꽃이 피면 대나무가
죽으므로 개화병이라고 한다.

맹종죽에 얽힌 전설

중국 삼국 시대 오나라에 맹종이라는 아주 극진한 효자가 나이
드신 홀어머니를 모시고 행복하게 살았다. 그러던 어느 추운 겨
울 날 중병에 걸린 맹종의 어머니가 신선한 죽순으로 끓인 죽순
탕이 먹고 싶다고 하였다. 맹종은 대나무 숲으로 가서 사흘 밤
낮 죽순을 찾아 헤맸으나 구할 수 없었다. 너무나 상심하여 대
나무를 끌어안고 목 놓아 통곡하였다. 맹종의 절실한 효성에 하
늘도 감동하였는지 안고 있던 대나무가 쪼개지더니 대나무 뿌
리에서 죽순이 돋아났다. 결국 죽순탕을 먹은 어머니는 병이 씻
은 듯이 나았다. 그때부터 그 대나무를 맹종죽이라 불렀다.

솜대

Phyllostachys nigra var. *henonis* Stapf.

벼과 | 분죽, 올죽, 담죽, 감죽

솜대는 줄기가 자라면서 분백색을 띤 녹색에서 황록색으로 변한다. 줄기가 어릴 때 분백색을 띠므로 '분죽'이라고도 하며, 왕대보다 죽순이 나오는 시기가 조금 빠르기 때문에 '올죽'이라고도 한다.

사는 곳   원산지는 중국이다. 우리나라 중부 이남 지방에서 심어 가꾼다.

모습   늘푸른 큰키나무

높이는 10m 이상, 지름은 5~8cm이다. 줄기는 자라면서 분백색을 띤 녹색에서 황록색으로 변한다.

쓰임새   죽순은 먹고, 잎, 뿌리, 뿌리줄기, 죽순껍질 등은 약으로 쓴다. 목재는 건축재, 죽세공으로 쓴다.

죽순 시기
4월 하순~5월 하순

줄기
처음에는 흰가루로 덮여 있지만 황록색으로 변한다. 마디의 고리는 2개씩이다.

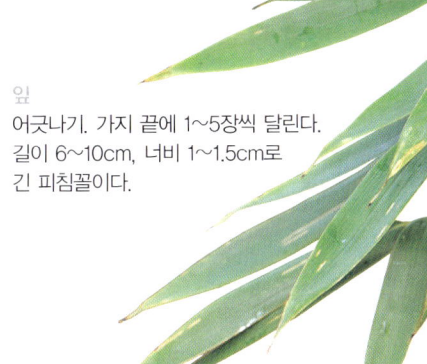

잎
어긋나기. 가지 끝에 1~5장씩 달린다.
길이 6~10cm, 너비 1~1.5cm로
긴 피침꼴이다.

오죽
우리나라 중부 이남의 마을 부근에서
자라는 솜대와 닮은 대나무이다.
줄기가 까마귀처럼 검기 때문에
'오죽'이라고 한다.

열매
8~9월에 익지만 거의 맺지 않는다.

꽃
암수한그루이며 원추꽃차례. 5~7월에
피는데 보통 60~100년 만에
한 번 핀다.

대나무 줄기의 특성

대나무의 줄기는 위로만 자라고 둘레는 굵어지지 않는 특성이
있다. 나이테가 없고 마디가 있으며 속이 비어 있는데 이는 바
람이 불어도 꺾이지 않도록 줄기를 단단히 하기 위해서이다.

왕대, 맹종죽, 솜대

왕대는 잎이 가지 끝에 3~7장씩 달리며 줄기마다의 고리가 2개씩이고 죽순이 5월 중순~6월 중순에 난다. 맹종죽은 잎이 가지 끝에 3~8장씩 달리며 줄기마다의 고리가 1개씩이고 죽순이 4월 상순~5월 상순에 난다. 솜대는 잎이 가지 끝에 1~5장씩 달리며 줄기마다의 고리가 2개씩이고 죽순이 4월 하순~5월 하순에 난다.

식물명	높이	지름	죽순 시기	마디의 고리 수	꽃
왕대	20m	13cm	5월 중순~6월 중순	2개	원추꽃차례 6~7월
맹종죽	10~20m	20cm	4월 상순~5월 상순	1개	원추꽃차례 7~10월
솜대	10m 이상	5~8cm	4월 하순~5월 하순	2개	원추꽃차례 5~7월

갈대·달뿌리풀·억새

갈대, 달뿌리풀, 억새는 우리 주변에서 흔히 볼 수 있는 벼과 식물로 여러해살이풀이다. 갈대와 달뿌리풀은 갈대속에 속하고 물가나 습지에 살며, 억새는 억새속에 속하고 낮은 들이나 높은 산 등 주로 마른 곳에서 산다.

갈대 *Phragmites communis* Trin.
벼과 갈대속 | 갈, 갈때, 노초

북반구의 온대와 아한대 지방에서 살며 주로 바다 근처의 강가나 습지에 무리 지어 자란다. 뿌리줄기가 땅속으로 뻗으며 마디에 노란색의 수염뿌리가 내린다. 원줄기 속은 비어 있고 마디에 털이 있는 것도 있다.

사는 곳   우리나라 전역에서 저절로 자란다.

모습   여러해살이풀
            높이는 1~2m이다. 뿌리줄기가 땅속에서 길게 뻗고 마디에서 수염뿌리가 내린다.

쓰임새   어린순은 먹는다. 꽃, 잎, 줄기, 뿌리줄기를 약으로 쓰며 줄기를 생활 도구의 재료로 쓴다.

열매
영과. 10월에 누르스름한 갈색으로
익는다. 꽃이 달려 있던 꽃차례 모양
그대로 익는다. 씨앗에 날개가 달려
있어 바람에 날려 퍼진다.

줄기, 잎
어긋나기. 길이 20~50cm,
너비 2~4cm로 긴 피침꼴이다.
아래쪽은 줄기를 감싸는 잎집이 되며
잎혀에 흰 털이 있다.

꽃
원추꽃차례. 9월에 핀다. 꽃차례는 줄기 끝에서 피고 밑으로 처지며 자주색에서
자갈색으로 변한다. 원추꽃차례의 길이는 15~30cm이다.

갈대에 얽힌 이야기

『그리스 로마 신화』에 님프인 시링크스(Syrinx)가 목신인 판
(Pan)에 쫓기다가 갈대로 변신하였는데, 판이 이 갈대를 꺾어
피리를 만들어 그녀를 그리워하며 불었다고 한다. 이 이야기
에서 비롯되어 갈대를 음악의 상징으로 여기게 되었다. 또한
로마의 시인 오비디우스(Ovidius)의 '변신 이야기'에 당나귀 귀
를 가진 미다스왕(Midas)의 비밀을 안 이발사가 구덩이에 대고
"임금님 귀는 당나귀 귀"라고 속삭이고는 흙을 덮고 후련해하
였는데, 구덩이 위의 갈대가 바람에 나부끼면서 이 비밀을 누
설하였다는 설화가 전한다.

달뿌리풀 *Phragmites japonica* Steudel
벼과 갈대속 | 달뿌리갈, 덩굴달

우리나라 전역의 산의 계곡이나 강가에서 자란다. 뿌리줄기가 땅 위로 뻗으며 마디에서 뿌리가 내리고 속은 비어 있으며 마디에 털이 있다. 뿌리줄기가 땅 위로 뻗어 땅 위에 뿌리가 달린다는 의미에서 '달뿌리풀'이라고 한다.

사는 곳 우리나라 전역에서 저절로 자란다.

모습 여러해살이풀
높이는 1.5~3m이다. 뿌리줄기가 땅 위로 길게 뻗고 마디에서 뿌리가 내린다.

쓰임새 꽃과 뿌리줄기는 약으로 쓰며 잎과 줄기는 가축의 사료로 쓴다.

열매
영과. 10월에 익는다.
열매의 밑부분에는 긴 털이 있다.

꽃
원추꽃차례. 8~9월에 핀다. 꽃차례는 줄기 끝에서 피고 밑으로 처지며 갈색이다.
원추꽃차례의 길이는 15~30cm이다.

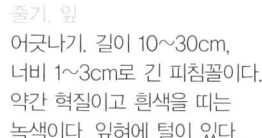

줄기, 잎
어긋나기. 길이 10~30cm,
너비 1~3cm로 긴 피침꼴이다.
약간 혁질이고 흰색을 띠는
녹색이다. 잎혀에 털이 있다.

물가에 사는 식물의 특징은?

여름에 물가에 가 보면 달뿌리풀, 갈대 등이 하천을 뒤덮고 있
다. 물가에 사는 식물들은 몇 가지 특징이 있다. 첫째 뿌리가
튼튼하다. 뿌리가 서로 연결돼 하천의 바닥을 움켜잡고 있다.
둘째 생장력이 매우 높다. 셋째 부드럽다. 세찬 물살에도 누워
흔들리다가 이내 물살이 느려지면 다시 하늘을 향한다. 달뿌
리풀은 중상류에 사는 수생식물로 물 흐름이 느린 곳에 뿌리
를 내리고 다양한 생물이 살 수 있도록 한다.

억새 *Miscanthus sinensis* var. *purpurascens* Rendle

벼과 억새속 | 어욱, 어워기, 왕쎄

우리나라 전역의 건조한 산과 들에서 무리지어 자란다. 굵은 뿌리줄기가 옆으로 빽빽하게 퍼지며 마디마다 뿌리를 내린다. 잎 가장자리에는 아주 작고 단단한 톱니가 있어서 살갗이 베이기 쉬우며 잎에는 흰색의 중심맥이 발달되어 있다.

사는 곳 우리나라 전역에서 저절로 자란다.

모습 여러해살이풀
높이는 1~2m이다. 굵은 뿌리줄기가 땅속에서 옆으로 빽빽이 퍼지며 마디마다 뿌리를 내린다.

쓰임새 줄기와 뿌리는 약으로 쓴다.

열매
수과. 10월에 익는다. 열매가 익으면
꽃이삭은 털이 부풀어 하얀 털뭉치처럼
피어난다. 씨앗에 작은 날개가
달려 있어 바람에 날려 멀리 퍼진다.

줄기, 잎
어긋나기. 길이 100cm, 너비 1~2cm
로 긴 피침꼴이다. 아래쪽은 줄기를
완전히 감싸는 잎집이 되며 잎혀에
털이 없다. 잎의 중심맥은 흰색이다.

꽃
산방꽃차례. 9월에 핀다. 꽃차례는 줄기 끝에서 피고 밑으로 처지며
은빛이 도는 흰색이다. 산방꽃차례의 길이는 20~30cm이다.

억새꽃을 가장 멋지게 감상하려면?

억새꽃은 백발과 생김새가 비슷하여 황혼 녘에 잘 어울린다.
그래서 억새꽃을 가장 멋지게 감상하려면 해질 무렵 해를 마
주하고 보아야 한다. 낙조의 붉은빛을 머금으며 금빛을 띠는
억새를 바라볼 때 스산하고 쓸쓸한 가을의 서정이 긴 여운으
로 남는다.

갈대, 달뿌리풀, 억새

갈대는 잎혀에 털이 있고 원추꽃차례이다. 열매는 영과이고 뿌리에는 잔뿌리가 많다. 달뿌리풀은 잎혀에 털이 있고 원추꽃차례이다. 열매는 영과이고 뿌리줄기가 땅 위로 뻗는다. 억새는 잎혀에 털이 없고 산방꽃차례이다. 열매는 수과이며 뿌리는 굵고 옆으로 뻗는다.

식물명	사는 곳	높이	잎	꽃	열매	특징
갈대 (벼과 갈대속)	냇가 습지	1~2m	길이 20~50cm 너비 2~4cm 잎혀에 털이 있다.	원추꽃차례 9월 자주색에서 자갈색으로 변한다.	영과 10월	뿌리줄기가 땅속으로 뻗는다.
달뿌리풀 (벼과 갈대속)	냇가 습지	1.5~3m	길이 10~30cm 너비 1~3cm 잎혀에 털이 있다. 잎맥이 희미하다.	원추꽃차례 8~9월 갈색	영과 10월	뿌리줄기가 땅 위로 뻗는다.
억새 (벼과 억새속)	산과 들	1~2m	길이 100cm 너비 1~2cm 잎혀에 털이 없다. 중심맥은 흰색이다.	산방꽃차례 9월 은빛이 도는 흰색	수과 10월	뿌리줄기가 땅속으로 뻗는다.

창포 · 붓꽃 · 꽃창포

창포는 천남성과이며 붓꽃과 꽃창포는 붓꽃과이다. 창포와 꽃창포는 개울가, 연못, 호숫가처럼 물기가 많은 곳에서 자라는 여러해살이풀이다. 붓꽃은 낮은 산의 어귀나 햇빛이 잘 드는 들에서 저절로 자라는 여러해살이풀이다.

창포

Acorus calamus var. *angustatus* Bess.

천남성과 | 향포, 물채, 백창, 창풀, 수창포

창포는 온몸에서 향기가 나는데, 잎을 살짝 비빈 손을 코에 대 보면 금세 향긋함을 느낄 수 있다. 땅속줄기는 통통하고 옆으로 뻗으며 마디가 많다. 수염뿌리가 빽빽이 나고 적갈색을 띠나 속은 흰색이다. 부들(蒲)과 비슷한 식물이라 하여 '창포' 라는 이름이 붙여졌다.

사는 곳 우리나라 전역의 개울가나 연못, 호숫가처럼 물기가 많은 곳에서 저절로 자란다.

모습 여러해살이풀
높이 60~90cm이다. 땅속줄기는 통통하고 옆으로 뻗으며 마디가 많다. 수염뿌리가 빽빽이 난다.

쓰임새 향료나 약으로 쓴다.

잎
모여나기. 긴 창꼴이며 곧게 서고
끝이 차츰 뾰족해진다. 길이
60~90cm, 너비 0.5~1.5cm이다.
나란히맥이 있고 중심맥이 뚜렷하며
윤기가 난다.

열매
장과. 7~8월에 익는다.
긴 타원형이며 붉은색이다.

꽃
육수꽃차례. 6~7월에 옅은 황록색의 많은 꽃이
줄기의 중간 지점에서 핀다. 꽃잎과 수술은 각각 6개이며
암술은 1개이다. 씨방은 둥근 타원꼴이며 암술머리는 둥글다.

창포를 이용한 우리 고유의 풍습

우리나라에는 음력 5월 5일 단오가 되면 창포 잎을 삶은 물로
머리를 감고 목욕을 하는 풍습이 있다. 그러면 머릿결과 피부가
아주 매끄러워지며 1년 내내 피부병에 안 걸린다고 한다.
단옷날에는 뿌리줄기를 깎아 수(壽)자나 복(福)자를 새겨 넣은 비
녀를 만들기도 하는데, 끝에 붉은 연지를 발라 머리에 꽂으면 1
년 내내 나쁜 일이 생기지 않는다고 한다. 예로부터 조상이 따
른 풍속을 본떠 오늘날에는 창포로 비누나 화장품, 목욕 용품
등을 만든다.

붓꽃 *Iris nertschinskia* Lodd.
붓꽃과 | 아이리스

'붓꽃' 이라는 이름은 이 꽃의 꽃봉오리가 마치 먹물을 머금은 붓을 닮았다 하여 붙여졌다. 현재 꽃시장에서는 붓꽃 집안을 통틀어 부르는 '아이리스' 라는 이름으로 많이 팔고 있다. 아이리스란 무지개를 뜻하는데 꽃잎 안쪽에 무지개같이 알록달록한 무늬가 있어서 붙여진 이름이다.

사는 곳　우리나라 전역의 낮은 산의 어귀나 햇볕이 잘 드는 들에서 저절로 자란다.

모습　여러해살이풀
　　　높이는 30~60cm이다. 뿌리줄기는 길고 밑으로 수염뿌리를 많이 내린다.

쓰임새　잎과 꽃을 감상하려고 화단에 심는다. 꽃꽂이 재료나 소화가 안 될 때 약으로 쓴다.

잎
어긋나기. 긴 창꼴이며 줄기 밑동에서
2줄로 나오며 늘어진다. 길이
40~60cm, 너비 0.4~1cm이다.
가늘고 튀어나온 중심맥이 없다.

꽃
5~6월에 보라색 꽃이 가지 끝에
2~3송이씩 핀다. 외화피는
3장이고 밑부분은 노란색과
검은 자색의 선이 무늬를 이룬다.
내화피는 3장으로 곧게 선다.
암술은 3갈래로 갈라지고 그 밑에
노란 수술이 숨겨져 있다.

열매
삭과. 7~8월에 익는다. 방추꼴이며
대가 있다. 길이 3.5~4.5cm로
3개의 능선이 있다. 씨앗은 갈색이고
삭과의 끝이 터지면서 나온다.

여러 가지 붓꽃

타래붓꽃

독일붓꽃

각시붓꽃

금붓꽃

붓꽃에 얽힌 이야기

『그리스 로마 신화』에 나오는 여신 주노에게는 아름답고 예의
바른 시녀 아이리스가 있었다. 그런데 주노의 남편이자 최고의
남자신인 주피터가 아이리스의 아름다움을 탐내었다. 주인인
여신 주노를 배신할 수 없었던 아이리스는 무지개로 변하여 주
노의 믿음을 저버리지 않았다고 한다. 그러한 이유 때문인지 붓
꽃은 여름을 재촉하는 비가 촉촉이 내리거나 이른 아침 이슬을
머금고 함초롬히 피어날 때 가장 아름답게 보인다.

꽃창포 *Iris ensata* var. *spontanea* Nakai

붓꽃과 | 들꽃창포, 옥선화

붓꽃과에 속하지만 창포처럼 습지나 물가에서 잘 자란다. 잎의 모양도 창포와 비슷하고 꽃이 화려하여 '꽃창포' 라고 부른다.

사는 곳　우리나라 전역의 물가나 습지에서 저절로 자란다.

모습　여러해살이풀
　　　　높이는 60~120cm이다. 잎의 중심맥이 뚜렷하다.

쓰임새　잎과 꽃을 감상하려고 물가나 연못가에 심어 가꾼다.

잎
어긋나기. 긴 창꼴이며 줄기 밑동에서
2줄로 나오며 늘어진다. 길이
60~120cm, 너비 0.5~1.2cm이며
중심맥이 뚜렷하다.

꽃
6~8월에 적자색 꽃이 가지 끝에
핀다. 외화피는 3장이고 밑부분은
노란색이며 내화피는 3장으로 곧게
선다. 암술은 3갈래로 갈라지고
그 밑에 노란 수술이 숨겨져 있다.

노랑꽃창포
원산지는 유럽이다. 연못가에 많이 심는다. 뿌리줄기는 짧고 수염뿌리는
황갈색이다. 꽃줄기는 가지가 갈라지며 높이 60~100cm이다. 잎은 길이
100cm이고 너비 2~3cm이다. 5월에 노란색 꽃이 핀다. 외화피는 3장으로
넓은 달걀꼴이고 밑으로 처진다. 내화피는 3장으로 긴 타원꼴이다.

열매
삭과. 9월에 익는다. 방추꼴이며 대가
있다. 길이 3.5~4.5cm로 3개의
능선이 있다. 씨앗은 적갈색으로
삭과의 끝이 터지면서 나온다.

꽃창포에 얽힌 이야기

꽃창포는 프랑스의 국화이다. 꽃창포를 프랑스의 국화로 정한
사람은 그로북스라는 임금님이다. 어느 날 꿈속에서 어여쁜 천
사가 임금님에게 꽃창포 세 송이가 그려진 방패를 주었다. 임금
님은 신이 자기 가문의 문장을 꽃창포로 정하도록 한 것이라 믿
고 이것을 문장으로 택하였다. 그때부터 꽃창포가 그려진 방패
를 들고 전쟁에 나간 그로북스 임금님의 군사들은 항상 이겼다
고 한다.

창포, 붓꽃, 꽃창포

창포는 잎이 모여 나고 곧게 서며 중심맥이 뚜렷하다. 꽃은 수상꽃차례로 6~7월에 옅은 황록색으로 핀다. 붓꽃은 잎이 어긋나며 늘어지고 줄기 밑동에서 2줄로 나오며 중심맥이 없다. 5~6월에 보라색 꽃이 가지 끝에 2~3송이씩 핀다. 꽃창포는 잎이 어긋나고 늘어지며 줄기 밑동에서 2줄로 나오고 중심맥이 뚜렷하다. 6~8월에 적자색 꽃이 가지 끝에 핀다.

식물명	높이	잎	꽃	열매
창포 (천남성과)	60~90cm	긴 창꼴 너비 0.5~1.5cm 중심맥이 있다. 	6~8월, 옅은 황록색 원기둥 모양으로 줄기의 중간에 달린다. 	장과 7~8월, 긴 타원형 붉은색
붓꽃 (붓꽃과)	30~60cm	긴 창꼴 너비 0.4~1cm 중심맥이 없다. 	5~6월, 보라색 외화피의 밑부분에 노란색과 검은 자색의 무늬 	삭과 7~8월, 방추꼴 3개의 능선이 있다.
꽃창포 (붓꽃과)	60~120cm	긴 창꼴 너비 0.5~1.2cm 중심맥이 있다. 	6~8월, 적자색 외화피의 밑부분에 노란색의 무늬 	삭과 9월, 세모진 방추꼴 3개의 능선이 있다.

물옥잠 · 부레옥잠

물옥잠과 부레옥잠은 물옥잠과이다. 물옥잠은 우리나라 전역의 논이나 연못에 저절로 자란다. 부레옥잠은 원산지가 열대 아메리카로 추위에 약해 남부 지역에서 큰 물그릇이나 연못에서 심어 가꾼다.

물옥잠 *Monochoria korsakowii* Regel et Maack
물옥잠과 | 우구화

우리나라 전역의 논이나 연못에서 저절로 자라는 한해살이풀이다. 뿌리에서 나오는 잎은 잎자루가 길고 줄기에서 나오는 잎은 잎자루가 짧다. 잎자루는 부레옥잠과 달리 부풀지 않아서 물 위에 뜨지 않으며, 뿌리를 땅속에 박고 얕은 물에서 산다.

사는 곳 우리나라 전역의 논이나 연못에서 저절로 자란다.

모습 한해살이풀
높이는 30cm이다. 뿌리에서 나오는 잎은 잎자루가 길고 줄기에서 나오는 잎은 잎자루가 짧다.
잎자루는 부풀지 않아서 물 위에 뜨지 않으며, 땅속에 뿌리를 박고 얕은 물에서 산다.

쓰임새 잎과 꽃을 감상하려고 심어 가꾼다. 풀 전체를 우구라 하며 약으로 쓴다.

열매
삭과. 9~10월에 익는다. 달걀형
긴 타원꼴이다. 길이 1cm이며 끝에
암술대가 남아 있다.

꽃
총상꽃차례. 7~9월에 짙은 보라색 꽃이 피며 잎보다 높이 솟는다.
꽃은 길이 3cm 내외이고 꽃잎은 6장, 수술은 5개, 암술은 1개이다.
꽃은 향기가 짙으며 꿀이 많다.

잎
모여나기. 잎의 끝부분이 뾰족한
심장꼴이다. 잎은 길이 4~15cm로
두껍고 윤기가 나며 뿌리나
줄기에서 나온다.

늪지식물 이야기

경상남도 함안군 법수면의 늪지식물은 천연기념물 제346호로
지정되어 있다. 면적은 33,911㎡ 정도이고, 이곳에 나는 늪지식
물은 자라풀, 줄풀, 세모고랭이, 방울고랭이, 창포, 개구리밥,
물옥잠, 골풀, 나도미꾸리낚시, 붕어마름, 털개구리나리, 애기
마름 등이 있다.

부레옥잠 *Eichhornia crassipes* Solm.-Laub.

물옥잠과 | 봉안련, 풍옥란, 풍선란, 혹옥잠, 부레물옥잠, 수부연

여러해살이풀이나 우리나라에서는 겨울을 나지 못하므로 한 해밖에 살지 못한다. 물 위에 떠서 사는 식물이며 질소와 인, 영양염 등이 섞인 흐린 물에서 잘 자란다. 풍선처럼 부푼 잎자루에 공기가 들어차서 물에 잘 뜬다. 잘라 보면 얇은 막으로 나뉜 여러 개의 방에 공기가 들어찬 모습이 물고기의 부레와 비슷하여 '부레옥잠'이라고 한다. 꽃잎의 위쪽에 보라색의 줄무늬와 노란 무늬가 있는데 이것이 봉황의 눈동자를 닮았다고 하여 '봉안련'이라고도 한다.

사는 곳   원산지는 열대 아메리카이다. 우리나라 전역에서 심어 가꾼다.

모습   여러해살이풀
뿌리는 물속에 있고 잎과 꽃은 물 위에 뜨며, 잎자루의 가운데가 부풀어 부레 같다.

쓰임새   잎과 꽃을 감상하려고 어항이나 연못에 넣어 가꾸며 물을 정화하는 데도 쓴다.

줄기
가는 줄기에 나는 눈으로 번식하며,
1포기가 1년 만에 1,000여 포기까지
늘어난다.

잎자루 자른 모습▶

잎자루
길이 10~20cm로 가운데가 풍선처럼
둥글게 부풀고 속이 스펀지처럼 되어
있어서 물 위에 잘 뜬다.

꽃
수상꽃차례. 8~9월에 옅은 보라색 바탕에 노란 무늬가 있는 꽃이 핀다.
꽃은 아래쪽은 붙고 위쪽이 6갈래로 갈라진 나팔 모양이다. 수술은 6개인데
그 중 3개는 길고 수술대에 털이 있다. 암술은 1개이며 실처럼 길다.

잎
모여나기. 잎의 끝부분이 둥근 심장꼴
이다. 잎은 길이 4~10cm로 두껍고
윤기가 난다.

부레옥잠이 잘 자라는 물의 온도는?

부레옥잠은 집안에 있는 큰 물그릇이나 연못에 심을 목적으로
들여왔으나 지금은 우리나라 전역에 많이 퍼져 있다. 물의 온도
가 20℃ 이상에서는 잘 자라나 −3℃ 이하에서는 얼어 죽으므로
따뜻한 남부 지방이나 제주도에서만 겨울을 날 수 있다.

물옥잠, 부레옥잠

물옥잠은 얕은 물속에서 뿌리를 땅속에 박고 자라며, 잎은 끝부분이 뾰족한 심장꼴이다. 잎자루는 그다지 부풀지 않고 꽃은 짙은 보라색으로 7~9월에 핀다. 부레옥잠은 물속에 뿌리가 있으며, 잎은 끝부분이 둥근 심장꼴이다. 잎자루는 공처럼 둥글게 부풀고 꽃은 옅은 보라색 바탕에 노란 무늬가 있으며 8~9월에 핀다.

식물명	잎	잎자루 모양	꽃	뿌리
물옥잠	뾰족한 심장꼴	잎자루가 길다. 부풀지 않아서 물 위에 뜨지 않는다.	총상꽃차례 7~9월, 짙은 보라색 향기가 짙으며 꿀이 많다.	땅속에 뿌리를 박고 있다.
부레옥잠	끝부분이 둥근 심장꼴	잎자루가 둥글게 부풀고 속이 스펀지처럼 되어 있어 물에 뜬다.	수상꽃차례 8~9월 옅은 보라색	뿌리가 물 위에 떠 있다.

비비추 · 옥잠화

비비추와 옥잠화는 백합과이다. 비비추는 우리나라 중부 이남의 산골짜기에서 저절로 자라며, 옥잠화는 원산지가 중국이다. 요즘에는 비비추와 옥잠화의 단정한 잎과 긴 꽃자루에서 위쪽으로 향해 피는 아름다운 꽃을 보려고 화단이나 공원에 많이 심어 가꾼다.

비비추 *Hosta longipes* Matsumura
백합과 | 바위비비추

우리나라 중부 이남의 산골짜기에서 저절로 자라는 여러해살이풀이다. 줄기와 뚜렷하게 구별되지 않는 잎은 뿌리 근처에 모여 나서 비스듬히 퍼진다. 짙은 녹색이고 가죽처럼 두꺼우며 가장자리가 밋밋하게 주름진다. 여름에 잎 사이에서 꽃줄기가 나와 나팔 모양의 옅은 보라색 꽃이 핀다.

사는 곳   우리나라 중부 이남의 산골짜기에서 저절로 자란다.

모습   여러해살이풀
높이는 40cm이다. 잎은 뿌리 근처에 모여 나서 비스듬히 퍼진다.
땅속에서 많은 뿌리가 사방으로 뻗으면서 자란다.

쓰임새   잎과 꽃을 감상하려고 화단에 심는다. 어린 싹과 잎은 먹는다.

열매
삭과. 9월에 익는다. 긴 타원꼴이며
비스듬하게 달린다.

잎
모여나기. 긴 달걀꼴이나 심장꼴이며
끝이 뾰족하다. 길이 12~13cm,
너비 8~9cm이다. 나란히맥이 8~9개
생기고 잎자루는 길이 20cm이다.

꽃
총상꽃차례. 7~8월에 옅은 보라색
꽃이 핀다. 꽃은 길이 4cm이다.
길이 30~40cm인 꽃줄기에 한쪽으로
치우쳐서 여러 송이가 달린다.

일월비비추
산속 습지나 시냇가에서 자라는 여러해살이풀이다. 잎은 넓은 달걀꼴이며
잎자루의 밑부분에 자주색 점이 있다. 8~9월에 옅은 보라색 꽃이 핀다.

좀비비추
우리나라 중부 이남의 산지에서 자라는 여러해살이풀이다. 잎은 뿌리에서
모여 나며 넓은 달걀꼴이다. 7~8월에 옅은 자주색 꽃이 핀다.

비비추의 꽃피는 시간은?

비비추는 반그늘에서 잘 자라며 낮의 길이가 가장 긴 여름에 꽃
이 핀다. 꽃피는 시간은 오후 5시경이다. 옛날 시골 여인네들은
비비추의 꽃이 피는 때를 맞춰 저녁밥을 지었다고 한다. 예부터
우리 민족은 꽃과 열매 등으로 시간과 계절뿐 아니라 그 해의
농사까지도 풍년일지 흉년일지 예측하는 지혜가 있었다.

옥잠화 *Hosta plantaginea* Ascherson

백합과 | 옥비녀꽃, 백학석

원산지가 중국인 여러해살이풀이다. 옛날부터 우리나라 전역에서 많이 심어 가꾼다. 흰 꽃 봉오리가 옥비녀처럼 생겨서 '옥잠화'라는 이름이 생겼다. 저녁에 꽃이 피고 다음 날 아침에 시든다. 향기가 좋아 향수로 만들며, 비비추보다 잎이 더 크고 둥글다.

사는 곳 원산지는 중국이다. 옛날부터 우리나라 전역에서 많이 심어 가꾼다.

모습 여러해살이풀
높이는 40~56cm이다. 잎은 뿌리 근처에 모여 나서 비스듬히 퍼진다. 잎자루가 길며 타원형이다.

쓰임새 잎과 꽃을 감상하려고 화단에 심는다. 어린 싹과 잎은 먹거나 약으로 쓰고 꽃은 향수의 원료로 쓴다.

열매
삭과. 10월에 익는다. 원기둥꼴이며
밑으로 처진다. 씨앗은 가장자리에
날개가 있다.

꽃
총상꽃차례. 8~9월에 옅은 자주색 또는 흰색 꽃이 핀다. 꽃잎은 깔때기 모양이고
길이 11.5cm이다. 길이 40~56cm의 꽃줄기에 여러 송이가 달린다.

잎
모여나기. 심장 모양의 긴 타원꼴로
끝이 뾰족하다. 길이 15~22cm,
너비 10~17cm이다. 나란히맥이
8~9개 생기고 잎자루의 길이는
15~22cm이다.

옥잠화에 얽힌 전설

옛날 옛적 중국 석주라는 고장에 피리 부는 솜씨가 뛰어난 선비
가 살았다. 어느 날 달 밝은 밤에 무아지경의 상태로 피리 한 곡
조를 읊고 있는데, 홀연히 하늘에서 선녀가 나타났다. 그러고는
옥황상제의 따님이 방금 곡을 다시 듣고 싶어 하니 한 번 더 불
어 달라고 부탁했다. 선비가 하늘의 공주님을 위해서 아름다운
연주를 해주었는데, 선녀는 하늘로 올라가면서 연주의 답례로
자신의 옥비녀를 선비에게 던져 주었다. 그러나 옥비녀는 선비
의 손을 스치며 땅에 떨어져서 그만 깨져 버리고 말았다.
그 뒤 그곳에서 꽃봉오리가 옥비녀를 닮은 옥잠화가 피어났다
고 한다.

비비추, 옥잠화

여러해살이풀로 모습이 비슷하나 대개 비비추는 옥잠화보다 잎이나 꽃의 크기가 작다. 비비추는 잎이 긴 달걀꼴 또는 심장꼴이며 7~8월에 옅은 보라색 꽃이 핀다. 반면 옥잠화는 잎이 심장 모양의 긴 타원꼴이며 8~9월에 흰색이나 자주색 꽃이 핀다.

식물명	높이	잎	꽃	열매
비비추	40cm	긴 달걀꼴이나 심장꼴 길이 12~13cm 너비 8~9cm 잎자루 20cm 	총상꽃차례 7~8월, 길이 4cm 옅은 보라색, 나팔 모양 한쪽으로 치우쳐서 달린다. 	삭과, 9월 긴 타원꼴 비스듬히 달린다.
옥잠화	40~56cm	심장 모양의 긴 타원꼴 길이 15~22cm 너비 10~17cm 잎자루 15~22cm 	총상꽃차례 8~9월, 길이 11.5cm 옅은 자주색이나 흰색 깔때기 모양 	삭과, 10월 원기둥꼴 밑으로 처지고 날개가 있다.

가래나무 · 호두나무

가래나무과에 속하는 잎지는 넓은잎 큰키나무이다. 잎은 홀수깃꼴겹잎으로 어긋난다. 작은잎의 수와 열매의 모양이 서로 다르다. 가래나무는 원산지가 우리나라이고, 호두나무는 원산지가 중앙아시아 이란인데, 중국을 거쳐 우리나라에 들어왔다.

가래나무 *Juglans mandshurica* Maximowicz
가래나무과 | 산추자나무

원산지는 우리나라 중부 이북 지역이다. 추운 곳을 좋아해 북쪽 지방에서 흔히 볼 수 있으나 남부 지방에도 잘 자란다. 열매는 호두같이 생겼으나 호두보다 길고 끝이 뾰족하면서 갸름하다.

사는 곳 우리나라 전역에서 저절로 자란다.

모습 잎지는 넓은잎 큰키나무
높이는 20~25m이다. 겹잎을 이루는 작은잎이 7~17장으로 호두나무보다 많고
한자리에 달리는 열매의 수도 4~10개로 많지만 열매의 크기는 좀더 작다.

쓰임새 목재가 단단하고 뒤틀리지 않아 장롱을 짤 때 쓰고, 껍질은 질겨서 밧줄을 꼬거나 미투리 뒤축에
감았다. 열매는 먹거나 기름을 짤 때 쓴다. 덜 익은 열매껍질로 옷감에 물을 들이면 잿빛이 난다.
나무껍질은 염증을 없애고 열을 내리고 눈을 밝아지게 한다. 피부병이 생기면 즙을 내서 바르기도 한다.

수꽃
암수한그루. 단성화로 4월에 핀다.
길이 10~20cm로 유이꽃차례이다.
잎겨드랑이에서 처지고 수술은
12~14개이다.

나무껍질
암회색이고 세로로 갈라진다. 가지는 굵고 성글게 나오며 작은 가지에 선모가
있다.

잎
어긋나기. 홀수깃꼴겹잎으로 길이
7~28cm이다. 작은잎은 7~17장이며
끝이 뾰족한 긴 타원꼴 또는 달걀형
타원꼴인데 밑부분은 일그러진 심장꼴
이다. 가장자리에 잔톱니가 있으며
뒷면의 맥 위에 선모가 있다.

암꽃
암수한그루. 단성화로 4월에 핀다.
가지 끝에 4~10송이씩 달린다.

열매
핵과. 달걀형 둥근꼴로 길이 4~4.5cm
이다. 바깥껍질은 털이 많다. 10월에
익는다. 씨앗은 흑갈색이고 안쪽은
2개의 방으로 나눠져 있다.

가래탕이란?

시골에 가면 가래탕이란 것이 있는데 가래로 만든 음식이 아니
다. 덜 익은 가래를 두들겨서 강에 넣으면 그 독성이 퍼져 물고
기를 잠시 기절시킨다. 물에 떠오른 물고기를 잡아서 탕으로 만
든 것을 말한다.

호두나무 *Juglans sinensis* Dode

가래나무과 | 호도나무

원산지가 중국으로 알려져 있으나, 원래는 중앙아시아 이란(페르시아)이다. 우리나라에는 약 700년 전 고려 중엽에 중국을 거쳐 들여왔다. 중부 이남 해발 400m 이하에서 심고 특히 천안 지방에 많이 심는다.

사는 곳　원산지는 중앙아시아 이란이며, 우리나라에서는 중부 이남에 많이 심는다.

모습　잎지는 넓은잎 큰키나무. 높이는 20m이다.
　　　　겹잎을 이루는 작은잎이 5∼7장으로 가래나무보다 적고 한자리에 달리는 열매의 수도 1∼3개로
　　　　적지만 열매의 크기는 좀더 크다.

쓰임새　호두는 정월 대보름에 그냥 깨 먹거나 갖가지 음식에 넣어 먹는다. 기침을 멎게 하고 가래를 삭이며
　　　　변비에도 좋다. 잎을 달인 물을 먹으면 머리카락이 잘 나며 습진에 바르면 좋다. 호두 씨를 태워
　　　　가루로 만들어 피부병에 바른다. 나무껍질에서는 탄닌을 뽑는다.

수꽃
암수한그루. 단성화로 4~5월에 핀다.
길이 15cm로 유이꽃차례이다.
잎겨드랑이에서 처지고 수술은
6~30개이다.

나무껍질
회백색이고 밋밋하지만 점차 깊게 갈라진다. 가지는 굵고 성글게 나오며 작은
가지에 선모가 없다.

암꽃
암수한그루. 단성화로 4~5월에 핀다.
가지 끝에 1~3송이씩 달린다.

잎
어긋나기. 홀수깃꼴겹잎으로 길이
25cm이다. 작은잎은 5~7장으로
타원꼴이고 윗부분일수록 크다.

열매
핵과. 둥근꼴로 길이 4~5cm이다.
바깥껍질은 미끈하고 털이 없다.
9월에 익는다. 씨앗은 옅은 갈색이고
안쪽은 4개의 방으로 나눠져 있다.

모양이 독특한 호두나무 꽃

호두나무의 꽃은 눈에 잘 띄지는 않지만 그 모양이 독특하다.
잎이 막 피어날 무렵 암꽃이 하늘을 향해 몇 송이씩 모여 달리
는데, 암술대가 굵고 암술머리는 붉거나 노란 나비 모양이다.
암꽃 밑에는 꼬리 모양의 수꽃차례가 아래로 처진다.

가래나무, 호두나무

가래나무과에 속하는 잎지는 넓은잎 큰키나무이다. 잎은 홀수깃꼴겹잎으로 어긋난다. 가래나무는 작은잎이 7~17장이고, 호두나무는 5~7장이다. 열매는 둥글고, 가래나무는 열매 표면에 털이 있으나 호두나무는 털이 없다.

식물명	잎	꽃	열매	열매 안쪽	나무껍질
가래나무	작은잎 7~17장	4월 암꽃은 4~10송이	달걀형 둥근꼴, 털이 있다. 여러 개 달린다. 길이 4~4.5cm	2개 방	암회색
호두나무	작은잎 5~7장 위로 갈수록 커진다.	4~5월 암꽃은 1~3송이	둥근꼴, 털이 없다. 2개씩 달린다. 길이 4~5cm	4개 방	회백색 깊게 갈라진다.

참나무류

참나무과 참나무속에는 잎지는나무인 참나무아속(*Lepidobalanus*)과 늘푸른나무인 가시나무아속(*Cyclobalanopsis*)이 있다. '참나무' 즉 도토리나무는 어느 한 나무의 이름이 아니고 참나무아속과 가시나무아속을 모두 일컫는다.

참나무아속은 깍정이에 포린이 기와처럼 배열되어 있으며, 꽃이 핀 해에 열매가 익는 Prinus 절과 꽃이 핀 이듬해에 열매가 익는 Cerris절로 나뉜다. Prinus절에 속하는 참나무는 갈참나무, 졸참나무, 떡갈나무, 신갈나무이고, Cerris절에 속하는 참나무는 상수리나무와 굴참나무이다. 갈참나무와 졸참나무는 잎의 끝과 밑부분이 뾰족하고 잎자루가 긴 편이나 떡갈나무와 신갈나무는 잎의 끝부분이 둔하며 가장자리에 물결 모양의 톱니가 있고 잎의 밑부분은 귓불 모양이다.

갈참나무 *Quercus aliena* Blume
참나무과

갈참나무는 온대 지방에서 자라는데, 숲을 이루는 경우가 아주 드물다. 잎은 가장자리가 구불거려 신갈나무와 비슷하나 잎의 크기가 작고 잎자루가 긴 점이 다르다. 줄기는 곧고 결이 고르므로 집을 짓거나 마루판, 펄프 등의 목재로 많이 쓴다.

사는 곳　우리나라 전역에서 저절로 자란다.

모습　잎지는 넓은잎 큰키나무
높이는 25m이다. 나무껍질은 세로로 얇게 갈라진다.

쓰임새　목재는 곧고 단단하며 결이 고르므로 마루판, 펄프 등의 원료로 많이 쓴다. 다른 나무보다 물을 많이 저장하므로 산에 심으면 홍수나 가뭄의 피해를 줄일 수 있다. 배를 만들 때는 갈참나무로 못을 만들어 사용하였다. 표고의 골목, 숯의 원료로도 쓴다. 열매는 먹거나 약으로 쓴다.

수꽃
암수한그루 또는 양성화. 5월에 핀다.
새 가지의 아래쪽에서 잎이 나올 때
잎겨드랑이에 달리고 꽃차례가 꼬리
모양으로 처진다. 화피조각은 5~9장,
수술은 6~14개이다.

나무껍질
그물처럼 세로로 얇게 갈라진다.

암꽃
암수한그루 또는 양성화. 5월에 핀
다. 위를 향해 곧게 서며 화피조각은
6장, 암술머리는 2~4개이다.

잎
어긋나기. 길이 10~20cm로
긴 달걀꼴이다. 가장자리가 물결처럼
구불거린다. 잎자루는 1~3cm이고
가을에 누런빛으로 단풍이 들고
늦게까지 달려 있다.

열매
견과. 꽃핀 해의 10월에 익는다.
길이 1.5~2cm로 달걀꼴이며 깍정이에
1/2쯤 싸인다. 포린은 세모꼴로
촘촘히 붙어 있다.

갈참나무 이야기

경상북도 영풍군 단산면 병산리 마을 언덕 위에는 매우 큰 갈참
나무가 있다. 넓은 공간에서 자유롭게 자라온 이 나무는 가지가
사방으로 고루 자라서 나무갓이 둥근 반달형을 이룬다. 동네 사
람들은 동신제를 지내는 나무로 갈참나무를 사용하는데, 대개
동신제는 은행나무나 느티나무, 팽나무 등의 나무 아래에서 이
루어지나, 참나무류인 갈참나무가 동신제로 쓰이는 것은 매우
드물다.

졸참나무

Quercus serrata Thunb.
참나무과 | 굴밤나무, 재잘나무, 소리낭

'졸참나무'는 참나무류 중에서 잎과 열매가 제일 작다는 의미로 붙여졌다. 그러나 높이 25m까지 웅장하게 자란다. 열매는 대추씨보다 조금 크나 껍질이 얇아서 가루가 많이 나오고 맛이 좋다. 그래서 도토리는 작을수록 맛이 좋다는 말이 있다.

사는 곳   우리나라 전역에서 저절로 자라는데 산의 낮은 곳에서 높은 곳까지 어디에서나 잘 자란다.

모습   잎지는 넓은잎 큰키나무
높이는 25m이다. 나무껍질은 잿빛 도는 회색이며 세로로 갈라진다.

쓰임새   잎이 싱싱하고 고운 색깔로 물들어 숲을 꾸미기 위해 심는다. 줄기는 단단하여 목재나 표고의 골목으로 쓴다. 나무껍질은 약이나 염료로 쓰고, 열매는 묵을 쑤어 먹거나 녹말을 만들 때 쓴다.

수꽃
암수한그루 또는 양성화. 5월에 핀다.
새 가지의 아래쪽에서 잎이 나올 때
잎겨드랑이에 달리고 꽃차례는 꼬리
모양으로 처진다. 화피조각은 6장,
수술은 3~12개이다.

나무껍질
잿빛을 띤 회색이며 세로로 갈라진다.

암꽃
암수한그루 또는 양성화. 5월에 핀다.
위를 향하여 곧게 서며, 화피조각은 6장,
암술머리는 2~7개이다.

열매
견과. 꽃핀 해의 9~10월에 익는다. 길이는 1.7~2cm로 긴 타원꼴이며
깍정이에 1/3쯤 싸인다. 포린은 뒤로 젖혀지지 않으며 깍정이는 얇고 작다.

잎
어긋나기. 길이 7~17cm로
긴 달걀꼴이다. 아래쪽이 뾰족하고
가장자리에는 안으로 굽은 갈고리
모양의 톱니가 있다.

떡갈나무 *Quercus dentata* Thunb.
참나무과 | 가랑잎나무, 갈나무

떡갈나무는 잎에 나쁜 균을 없애고 음식을 상하지 않게 하는 성분이 있어서 팥으로 만든 떡을 싸서 음식을 보관하는 데 사용하였다. 떡을 싸는 참나무라는 뜻에서 '떡갈나무'라는 이름이 붙여졌다. 잎이 가죽처럼 두꺼우며, 잎 뒤쪽에 갈색 털이 많이 나서 다른 참나무류와 쉽게 구별된다.

사는 곳　우리나라 전역의 해발고도 800m 이하인 산에서 저절로 자란다. 특히 강원도, 경기도, 황해도에서 많이 자란다.

모습　잎지는 넓은잎 큰키나무
높이는 25m이다. 참나무류 중에서 잎이 가장 크고 넓다. 나무껍질은 회갈색이며 두껍다.

쓰임새　이른 여름에 나무껍질을 삶아 나오는 붉은 물로 그물에 물을 들이기도 하며, 잎은 떡을 싸기도 한다. 열매는 묵, 빈대떡, 국수 같은 음식을 해 먹는다. 목재는 향기가 좋고 무늬가 고와서 가구와 집을 짓는 데 쓴다. 봄여름에 햇볕에 말린 껍질은 설사와 피나는 것을 멈추게 하고 부스럼을 낫게 한다. 나쁜 냄새를 없애기 위해 냉장고에 넣어 두기도 한다.

수꽃
암수한그루 또는 양성화. 5월에 핀다.
새 가지의 아래쪽에서 잎이 나올 때
잎겨드랑이에 달리고 꽃차례가 꼬리
모양으로 처진다. 화피조각은 5~11장,
수술은 4~20개이다.

나무껍질
회갈색이며 아래로 깊게 갈라진다.

암꽃
암수한그루 또는 양성화. 5월에 핀다.
위를 향해 곧게 서며, 화피조각은 6장,
암술머리는 2~4개이다.

열매
견과. 꽃핀 해의 9~10월에 익는다. 길이는 1.5~2.5cm로 긴 타원꼴이며
깍정이에 1/2쯤 싸인다. 포린은 짙은 갈색으로 얇으며 뒤로 젖혀진다.

잎
어긋나기. 길이 10~30cm로 달걀꼴
이다. 가장자리가 둥글고 깊게 파였으며
밑부분은 귓불처럼 늘어지고, 잎자루는
굵고 아주 짧으며 길이 0.2~0.5cm이다.

참나무 종류를 구별하는 방법은?

잎이 작고 가장자리에 갈고리 같은 톱니가 있으면 졸참나무, 잎
자루가 있고 톱니가 물결 모양이거나 약간 뾰족하면 갈참나무,
잎자루가 없고 톱니가 큰 물결 모양이며 밑이 귓불 모양이면 신
갈나무, 잎자루가 없고 톱니가 큰 물결 모양이며 잎이 두껍고
뒷면에 갈색 털이 있고 깍정이의 포린이 얇으며 뒤로 젖혀진 것
은 떡갈나무이다.

신갈나무 *Quercus mongolica* Fischer
참나무과

현재 우리나라 대부분 지방에서 저절로 자라며 전체 숲의 면적 중 소나무를 제외하면 가장 넓은 면적을 차지한다. 잎이 가장 먼저 피고 도토리가 일찍 열리고 많이 달린다. 우리나라 온대 지방을 대표하는 나무로서 서울 남산이나 강원도 점봉산에는 지름이 1m가 넘는 신갈나무 숲이 있다.

사는 곳   우리나라 전역에서 저절로 자라며, 참나무류 중 우리나라에 가장 많다.

모습   잎지는 넓은잎 큰키나무
높이는 30m이다. 나무껍질은 아래로 갈라지며 회갈색을 띤다.

쓰임새   숲을 꾸미려고 심으며 열매로 묵을 쑤어 먹는다. 목재는 표고를 가꾸는 골목이나 숯의 원료로 쓴다. 도토리를 삶을 때 나오는 검은 물로 옷에 물을 들인다.

수꽃
암수한그루 또는 양성화. 5월에 핀다.
새 가지의 아래쪽에서 잎이 나올 때
잎겨드랑이에 달리고 꽃차례는 꼬리
모양으로 처진다. 화피조각은 3~12장,
수술은 1~17개이다.

암꽃
암수한그루 또는 양성화. 5월에 핀다.
위를 향하여 곧게 서며, 화피조각은
6장, 암술머리는 1~5개이다.

잎
어긋나기. 길이 8~15cm로
달걀꼴이며 가지 끝에 모여 달린다.
잎몸 밑이 귓불처럼 늘어지고
가장자리가 물결처럼 구불거리며,
잎자루는 길이 0.1~1.3cm이다.

나무껍질
회갈색이며 아래로 얕게 갈라진다.

열매
견과. 꽃핀 해의 9~10월에 익는다. 길이 1.5~2cm로 긴 타원꼴이며
깍정이에 조금 싸인다. 포린은 크며 우둘투둘하다.

상수리나무
Quercus acutissima Carruth
참나무과 | 도토리나무, 꿀밤나무, 참나무, 보추나무

상수리나무의 원래 이름은 '토리'였다. 임진왜란 때 피란을 간 선조가 토리 열매로 쑨 묵으로 끼니를 때웠는데, 궁궐에 돌아와서도 수라상에 토리묵을 계속 올리게 했다고 한다. '수라상에 올랐다'는 뜻에서 '상수라나무'라고 부르다가 나중에 '상수리나무'로 바뀌었다.

사는 곳 우리나라 평안도와 함경남도 이남 지방에서 저절로 자란다.

모습 잎지는 넓은잎 큰키나무
높이는 20~25m이다. 나무껍질은 검은 회색이며 깊게 갈라진다.

쓰임새 나무의 모양이 아름다워 경치를 꾸미려고 심어 가꾼다. 목재가 무척 단단하고 잘 썩지 않아 건축재나 나무관을 만들 때 쓴다. 도토리는 묵을 만들어 먹고 도토리 삶아낸 물로 옷에 물을 들이며, 깍정이는 부스럼과 이질에 약으로 쓴다.

수꽃
암수한그루. 5월에 핀다. 꽃차례는
길이 6~12cm로 많이 달리고 굵은
편이며 꼬리 모양으로 처진다.
화피조각은 5장, 수술은 8개 정도이다.

나무껍질
검은 회색이며 깊게 갈라진다.

암꽃
암수한그루. 5월에 핀다. 가지의
윗부분에 달려 있는 잎겨드랑이에서
곧추나와 1~3개가 달리며, 암술머리는
3개이다.

열매
견과. 꽃핀 다음 해의 10월에 익는다. 길이는 1.5~2.5cm로 둥글고
깍정이에 1/2쯤 싸인다. 포린은 길며 뒤로 젖혀진다.

잎
어긋나기. 길이 8~20cm로
긴 타원꼴이다. 잎 가장자리에 바늘
모양의 날카로운 톱니가 있으며,
톱니에는 엽록소가 없어서 희게
보인다. 잎자루는 길이 1~3cm이다.

꿀밤나무 이야기

사람들은 도토리가 달리는 나무를 꿀밤나무라 부르나, 대개 꿀
밤나무라 하면 상수리나무를 말한다. 필자의 고향에서도 동네
아이들이 늦가을이나 초겨울이 되면 바로 집 뒤의 산허리에 있
는 상수리나무 아래에서 싱싱하고 팽이처럼 생긴 도토리를 주
워 장난감으로 가지고 놀았다. 저고리 안주머니 속에는 비료 부
대로 만든 딱지 몇 장과 나뭇가지를 깎아 만든 팽이와 꿀밤 몇
개가 들어 있었다.

굴참나무 *Quercus variabilis* Blume
참나무과

굴참나무의 껍질로 지붕을 만드는데 이런 집을 굴피집이라고 한다. 굴피집은 여름에는 시원하고 겨울에는 따뜻하여 나물이나 약초를 채취하는 사람이나 사냥꾼들에게 좋은 쉼터가 된다.

사는 곳 우리나라 중부 이남 지방에서 저절로 자란다.

모습 잎지는 넓은잎 큰키나무
높이는 30m이다. 나무껍질은 코르크층이 두껍게 발달하여 깊게 갈라진다.

쓰임새 참나무류 중에서 나무껍질이 가장 두껍게 발달하여 코르크층을 만드는데 이 껍질로 지붕을 이거나 병마개를 만든다. 목재는 건축재로 이용하고 도토리는 묵을 만든다.

수꽃
암수한그루. 5월에 핀다. 꽃차례는
길이 10~14cm이며 꼬리 모양으로
처진다. 화피조각은 3~5장, 수술은
4~5개이다.

나무껍질
코르크층이 두껍게 발달하여 깊게 갈라진다.

암꽃
암수한그루. 5월에 핀다. 가지의
윗부분에 달려 있는 잎겨드랑이에서
곧추나와 보통 1개가 달리며,
암술머리는 3개이다.

열매
견과. 꽃핀 다음 해의 10월에 익는다. 지름은 약 1.5~2.3cm로 둥글고
깍정이에 2/3쯤 싸인다. 포린은 길며 뒤로 젖혀진다.

잎
어긋나기. 길이 8~15cm로 긴
타원꼴이다. 잎 가장자리에 바늘
모양의 날카로운 톱니가 있으며,
뒤쪽에는 흰색의 털이 많아 희게
보인다. 잎자루는 길이 1~3cm이다.

우리나라에서 가장 큰 굴참나무

경상북도 울진군 근남면에 가면 천연기념물 제96호인 굴참나
무가 왕피천이 흐르는 마을 뒤 언덕에서 자라고 있다. 이 나무
는 나이가 300년으로 추정되고 높이는 20m, 가슴 높이의 줄기
둘레가 6m로 매우 크다. 굴참나무는 우리나라 각처에서 흔히
자라고 있지만 이렇게 큰 나무는 찾아보기 어렵다.

참나무류

갈참나무, 졸참나무, 떡갈나무, 신갈나무는 모두 꽃이 핀 해에 열매가 익는다. 갈참나무와 졸참나무는 잎의 끝과 밑부분이 뾰족하고 잎자루의 길이가 길지만 떡갈나무와 신갈나무는 잎의 끝부분이 둔하고 가장자리에 물결 모양의 톱니가 있다. 잎의 크기나 전체 모습이 매우 비슷하다. 반면 상수리나무와 굴참나무는 꽃이 핀 다음 해에 열매가 익으며, 잎은 타원꼴로 모습이 서로 비슷하다. 상수리나무의 열매는 우리나라에서 저절로 자라는 참나무류 중 가장 크다.

식물명	잎	열매	깍정이	나무껍질
갈참나무	길이 10~20cm, 물결 모양 단풍잎는 오래 달려 있다.	달걀꼴 길이 1.5~2cm 지름 0.7~1.6cm	깍정이에 1/2쯤 싸인다.	세로로 얇게 갈라진다.
졸참나무	길이 7~17cm 안으로 굽은 갈고리 모양	긴 타원꼴 길이 1.7~2cm 지름 0.3~1.7cm	깍정이에 1/3쯤 싸인다.	세로로 길게 갈라진다.
떡갈나무	길이 10~30cm 두껍고 뒷면에 갈색 털이 많고 둔한 물결 모양 잎자루는 아주 짧고 가장 큰 잎	긴 타원꼴 길이 1.5~2.5cm 지름 0.7~1.9cm	깍정이에 1/2쯤 싸인다. 포린은 얇고 뒤로 젖혀진다.	회갈색 아래로 깊게 갈라진다.
신갈나무	길이 8~15cm 작은 물결 모양	긴 타원꼴 길이 1.5~2cm 지름 0.6~2.1cm	깍정이에 조금 싸인다. 포린은 커서 우둘투둘하다.	회갈색 아래로 얇게 갈라진다.
상수리나무	길이 8~20cm 바늘 모양의 톱니에 엽록소가 없다.	둥근꼴 길이 1.5~2.5cm 지름 1.5~2.0cm	깍정이에 1/2쯤 싸인다.	검은 회색 깊게 갈라진다.
굴참나무	길이 8~15cm 바늘 모양의 톱니에 엽록소가 있다. 잎 뒷면에 털이 많다.	둥근꼴 길이 1.5~2.3cm 지름 1~1.5cm	깍정이에 2/3쯤 싸인다.	코르크층이 두껍게 발달

가시나무·종가시나무·붉가시나무·졸가시나무

참나무과 참나무속에는 잎지는나무인 참나무아속(*Lepidobalanus*)과 늘푸른나무인 가시나무아속(*Cyclobanopsis*)이 있다. 가시나무아속은 깍정이에 5~9개의 둥근 고리가 있으며, 가시나무, 종가시나무, 붉가시나무, 졸가시나무가 있다. 잎 가장자리에 톱니가 있으나 붉가시나무는 톱니가 없고 열매는 꽃이 핀 해에 익는다. 가시나무, 종가시나무, 붉가시나무는 우리나라 난대 지역인 제주도와 남쪽 바닷가에서 저절로 자라며 졸가시나무는 원산지가 일본이다.

가
시
나
무
·
종
가
시
나
무
·
붉
가
시
나
무
·
졸
가
시
나
무

가시나무 *Quercus myrsinaefolia* Bl.
참나무과 | 정가시나무

가시나무류는 우리나라 난대림을 대표하는 나무이다. 그 중에서 '가시나무' 는 모든 가시나무류를 대표하는 나무여서 '정가시나무' 라고도 한다.

사는 곳   우리나라 난대 지역인 제주도와 남부 지방에서 저절로 자란다. 특히 산기슭이나 계곡의 좋은 땅에서 잘 자란다.

모습   늘푸른 넓은잎 큰키나무
높이는 15m이다. 나무껍질은 짙은 회색이다.

쓰임새   남부 지방에서 숲이나 공원에 심는다. 목재는 집, 배, 악기, 운동기구를 만들 때 쓰고, 나무껍질과 도토리는 나쁜 피를 없애거나 갈증을 줄이는 약으로 쓴다. 도토리는 묵을 만든다.

수꽃
암수한그루. 4~5월에 핀다. 지난해
가지 밑에 달리고 길이 10cm 정도로
꼬리 모양으로 처진다. 화피조각은
4~5장, 수술은 4~5개이다.

나무껍질
짙은 회색

암꽃
암수한그루. 4~5월에 핀다. 새 가지
에서 곧추선다. 4~5개로 갈라진
화피와 3개로 갈라진 암술대가 있다.

열매
견과. 꽃핀 해의 10월에 익는다. 길이 1.5~1.7cm로 타원꼴이다.
깍정이에는 6~7개의 고리가 뚜렷하게 있다.

잎
어긋나기. 길이 8~12cm로 긴 타원형
피침꼴이며 가장자리에 예리한
잔톱니가 있다. 두껍고 질기며 앞면은
녹색으로 윤기가 있고 뒷면은
회백색이며 닦으면 없어지는 흰가루가
묻어나기도 한다. 잎자루의 길이는
1~2cm이다.

가시나무에 얽힌 이야기

『그리스 로마 신화』에 주피터가 아들 머큐리와 함께 필리먼의
집을 방문했을 때 그 집안에 겸손과 예절이 가득한 것을 보고
감동하여 남편 필리먼은 가시나무로, 착한 그의 아내 보시스는
보리수나무로 변하게 하여 오래 살 수 있도록 했다는 이야기가
있다. 겸손하고 예의바르고 진리를 좋아하는 사람이 가시나무
로 변했다는 그리스 로마 신화는 우리에게 깨달음을 준다. 그리
스에 '나는 가시나무를 보면서 말한다' 라는 말이 있는데 이는
'나는 하늘을 두고 맹서한다' 는 뜻과 같다.

종가시나무 *Quercus glauca* Thumb.
참나무과 | 석소리

우리나라 난대림을 대표하는 나무 중의 하나이다. 잎의 길이는 7~12cm로 가시나무와 비슷하나 너비가 2.5~3.5cm로 가시나무보다 조금 넓다.

사는 곳　우리나라 난대 지역인 제주도와 다도해 지방에서 저절로 자란다.

모습　늘푸른 넓은잎 큰키나무
높이는 15m이다. 나무껍질은 녹색이 도는 회색이고 갈라지지 않는다.

쓰임새　남부 지방에서 공원이나 가로수로 심으며, 특히 염분에 강하여 해안에 심으면 아주 좋다. 목재는 집, 배, 악기, 운동기구를 만들 때 쓰며 도토리는 묵을 만들어 먹는다.

수꽃
암수한그루. 4~5월에 핀다. 새 가지의 밑에서 달리고 길이 5~10cm로 꼬리 모양으로 처진다. 화피조각은 3장, 수술은 15개 정도이다.

나무껍질
녹색이 도는 회색

암꽃
암수한그루. 4~5월에 핀다. 새 가지 중앙부의 잎겨드랑이에서 곧추서며 2~3개의 꽃이 달린다. 암술머리는 3개이다.

열매
견과. 꽃핀 해의 10월에 익는다. 길이 2cm로 타원꼴이다. 깍정이에는 5~6개의 고리가 뚜렷하게 있다.

잎
어긋나기. 길이 7~12cm로 넓은 타원꼴이며 가장자리의 상반부에 안으로 꼬부라진 톱니가 있다. 앞면은 녹색으로 윤기가 나고 뒷면은 회색이다. 잎자루의 길이는 1~2.5cm이다.

종가시나무가 울창한 숲 '곶자왈'

남제주군 안덕면 서광리와 북제주군 한경면 명이동에 걸쳐 있는 곶자왈이라는 숲에는 종가시나무가 울창하게 군락을 이룬다. 바닥이 용암으로 되어 있어 토양은 깊지 않지만 온난한 기후와 풍부한 강우량 덕분에 울창한 것이다. 이 숲에는 종가시나무뿐만 아니라 보호야생식물로 지정된 개가시나무를 비롯하여 붉가시나무, 구실잣밤나무, 참식나무와 같은 다양한 늘푸른나무들이 함께 자란다.

붉가시나무 *Quercus acuta* Thumb.
참나무과

붉가시나무는 목재가 붉다 하여 '붉가시나무' 라고 한다. 가시나무류 중에서 유일하게 잎의 가장자리에 톱니가 없다.

사는 곳 우리나라 난대 지역인 남부 해안 지방 및 섬의 해발 170~500m 지역에서 저절로 자란다.

모습 늘푸른 넓은잎 큰키나무
높이는 20m이다. 나무껍질은 녹색이 도는 회색이다. 어린 가지에는 갈색 털이 많다.

쓰임새 난대림을 대표하는 나무 중 하나로 남부 지방에서 정원과 공원에 심는다.

수꽃
암수한그루. 5월에 핀다. 새 가지의
밑에서 달리고 꼬리 모양으로 처진다.
화피조각은 6장, 수술은 15개 정도이다.

암꽃
암수한그루. 5월에 핀다. 새 가지에서
곧추서며 2~5개의 꽃이 달린다.
암술머리는 3개이다.

나무껍질
녹색이 도는 회색

열매
견과. 꽃핀 해의 10월에 익는다.
길이 2cm로 타원꼴이다. 깍정이에는 5~6개의 고리가 있다.

잎
어긋나기. 길이 8~20cm로
긴 타원꼴이며 가장자리는 밋밋하다.
앞면은 녹색이고 뒷면은 황록색이다.
잎자루의 길이는 1~3cm이다.

붉가시나무의 분포 지역

붉가시나무는 늘푸른 넓은잎 큰키나무로 우리나라와 일본의 난
대 공통종이다. 제주도를 비롯한 남쪽 섬지방과 남쪽 해안을 따
라 분포하고, 내륙으로는 전라남도 함평까지 자생하고 있다. 함
평군 함평읍 기각리에는 붉가시나무 12그루가 자라며 천연기
념물 제110호로 지정하여 보호한다.

졸가시나무

Quercus phillyraeoides A. Grey

참나무과 | 말눈가시나무, 털가시나무

가시나무류 중에서 잎이 가장 작아 '졸가시나무' 라고 한다. 잎이 말의 눈 크기만 하다고 하여 '말눈가시나무', 어린 가지가 황갈색의 잔털로 덮여 있다 하여 '털가시나무' 라고도 한다.

사는 곳 원산지는 일본이다. 우리나라에서는 남부 지방에 많이 심는다.

모습 늘푸른 넓은잎 큰키나무
높이는 10m이다. 나무껍질은 짙은 갈색이고 코르크층이 발달하며 세로로 골이 깊게 파인다.
어린 가지는 황갈색의 잔털로 덮여 있다.

쓰임새 남부 지방에서 학교나 공원에 심는다.

수꽃
암수한그루. 5월에 핀다.
새 가지의 밑에서 달리고 꼬리
모양으로 처진다. 화피조각은 4~5장,
수술은 4~5개이다.

나무껍질
짙은 갈색이며 코르크층이 발달했다.

암꽃
암수한그루. 5월에 핀다.
총포에 싸여 있으며 암술머리는
3개이다.

열매
견과. 꽃핀 해의 10월에 익는다. 길이는 1.5~2.2cm로 타원꼴 또는 달걀꼴이다.
깍정이에는 기와처럼 배열된 포린과 잔털이 빽빽하게 나 있다.

잎
어긋나기. 길이 3~6cm로 넓은 타원
꼴이다. 가장자리에 가는 톱니가 있고
가지의 끝에서 모여 달린다. 앞면은
짙은 녹색이고 뒷면은 옅은 녹색이다.
잎자루의 길이는 0.2~0.5cm이다.

추위에 강한 졸가시나무

졸가시나무는 원산지가 일본인 늘푸른 넓은잎 큰키나무이다.
경치를 꾸미기 위해 우리나라에 들여와 정원이나 공원에 심어
가꾼다. 참나무과의 늘푸른나무 중 추위에 가장 강하여 대구,
김천, 전주 지방에도 월동이 가능한 나무이다.

가시나무, 종가시나무, 붉가시나무, 졸가시나무

가시나무, 종가시나무, 졸가시나무의 잎은 가장자리에 톱니가 있으며, 붉가시나무의 잎은 톱니가 없다. 가시나무류 중에서 붉가시나무의 잎이 가장 크고, 졸가시나무의 잎이 가장 작다. 깍정이에는 5~9개의 둥근 고리가 있으며, 열매는 꽃이 핀 해에 익는다.

식물명	높이	잎	열매	나무껍질
가시나무	15m	타원형 피침꼴, 길이 8~12cm 가장자리에 잔톱니가 있다.	타원꼴 길이 1.5~1.7cm	짙은 회색
종가시나무	15m	넓은 타원꼴, 길이 7~12cm 상반부에 톱니가 있다.	타원꼴 길이 2cm	녹색이 도는 회색
붉가시나무	20m	긴 타원꼴, 길이 8~20cm 가장자리에 톱니가 없다.	타원꼴 길이 2cm	녹색이 도는 회색
졸가시나무	10m	넓은 타원꼴, 길이 3~6cm 가장자리에 가는 톱니가 있다.	타원꼴 또는 달걀꼴 길이 1.5~2.2cm	짙은 갈색 코르크층이 발달

며느리배꼽 · 며느리밑씻개

마디풀과에 속하는 1년생 덩굴식물이다. 열매와 잎으로 구별이 가능하다. 잎은 모두 세모꼴인
데, 며느리배꼽은 둥근 세모꼴인데 비해 며느리밑씻개는 약간 날카롭고 뾰족한 세모꼴이다.
또한 며느리배꼽은 이름처럼 짙은 보라색 열매가 둥근 포엽 위에 배꼽 모양으로 달리므로 쉽
게 구별된다.

며느리배꼽

Persicaria perfoliata H. Gross

마디풀과 | 사광이풀, 참가시덩굴

식물의 모양이 며느리밑씻개와 닮았으나 긴 잎자루가 잎 밑에서 약간 올라붙어 있으며, 보라색 열매가 둥근 포엽 위에 배꼽 모양으로 달려서 '며느리배꼽' 이라는 이름이 붙여졌다.

사는 곳 우리나라 전역의 산과 들에서 저절로 자란다.

모습 1년생 덩굴식물
길이 2m 정도 뻗으며 잎 뒷면의 잎맥, 잎자루와 줄기에 밑으로 향한 가시가 있다.

쓰임새 신맛이 있는 어린잎은 나물로 먹으며 다 자란 잎은 약으로 쓴다.

줄기
둥글며 작은 가시가 드문드문 나 있다.

열매
수과. 달걀형 둥근꼴로 남색이다.
길이와 지름이 각각 0.3cm이며
윤이 난다. 단단한 하늘색 포엽에
싸여 있어 장과처럼 보인다.

꽃
양성화. 7~9월에 핀다. 가지 끝에 수상꽃차례로 달리고 꽃차례의 밑부분은
접시같이 생긴 포가 받치고 있다. 꽃받침은 옅은 녹색이 돌며 5개로 갈라진다.
꽃잎은 없으며 수술은 8개로 꽃받침보다 짧고 씨방은 둥글고 3개의 암술대가
있다.

잎
어긋나기. 긴 잎자루가 잎 밑에서
약간 올라붙어 있다. 세모꼴이고
길이 3~6cm로 끝이 둔하다. 밑부분은
얕은 심장꼴이고 가장자리가 물결 모양
이다. 표면은 녹색이고 뒷면은 흰빛이
돌며 맥 위에 밑을 향한 잔가시가 있다.

며느리배꼽에 얽힌 이야기

며느리배꼽의 잎을 보면 잎자루가 약간 올라붙어서 배꼽이 떠
오르는 건 사실이다. 그런데 물동이를 인 며느리한테도 배꼽이
있겠지만 낮잠을 자는 아들이나 딸한테도 배꼽이 있을 텐데 왜
하필이면 며느리배꼽이라고 했을까? 풀을 보면 가시가 많이 달
려 있다. 아들배꼽이나 딸배꼽이라고 하면 귀엽게 들린다. 며느
리배꼽이라고 해야 싫은 대상의 배꼽이 된다. 말하자면 싫은 사
람의 배꼽처럼 보이는 풀이라는 뜻이다.

턱잎
길이 1~3cm로 둥근 배꼽 모양이다.

며느리밑씻개

Persicaria senticosa Gross
마디풀과 | 며느리밑씻개, 사광이아재비

마디풀과로 '며누리밑씻개, 사광이아재비'라고도 한다. 1년생 덩굴식물로 길이는 2m이다. 가지가 많이 갈라지면서 뻗어가고 붉은빛이 돌며 네모진 줄기와 함께 갈고리 같은 가시가 있어 다른 물체에 잘 붙는다.

사는 곳　우리나라 전역의 산과 들에서 저절로 자란다.

모습　1년생 덩굴식물
　　　　길이 1~2m 정도 뻗으며 가지가 많이 갈라진다. 줄기는 사각형이며 잎자루와 더불어
　　　　붉은빛이 돌고 잎 뒷면의 잎맥, 잎자루와 줄기에 갈고리 같은 가시가 있다.

쓰임새　어린잎은 나물로 먹는다.

줄기
네모지며 큰 가시가 촘촘히 나 있다.

열매
수과. 달걀형 둥근꼴이며 약간 세모지고
검은색이다. 꽃받침으로 싸여
있으나 윗부분은 조금 노출되어 있다.

꽃
양성화. 7~8월에 핀다. 가지 끝에 두상꽃차례로 달린다. 꽃받침은 5개로 깊게
갈라지고 옅은 분홍색이지만 끝부분은 붉은색이다. 꽃잎은 없으며 수술은 8개이고
씨방은 타원꼴이며 3개의 암술대가 있다.

잎
어긋나기. 세모꼴이고 얇으며 녹색이다.
길이와 너비가 각각 4~8cm로 끝이
뾰족하다. 밑부분은 심장꼴이고 양면에
털이 있으며 뒷면의 맥 위에 가시가
있다. 잎자루는 길고 가시가 있다.

며느리밑씻개에 얽힌 이야기

옛날에 젊은 부부가 홀로 된 나이 든 어머니를 모시고 살고 있
었다. 그런데 애지중지 키운 자식을 자기 품에서 며느리가 빼앗
아 갔다고 생각한 시어머니는 며느리가 하도 미워서 잎과 줄기
에 갈고리 같은 날카로운 가시가 있는 이 식물로 밑을 닦으라고
시켰다. 이것이 유래되어 '며느리밑씻개'라고 한다.

턱잎
길이 1cm 이하로 작고 녹색이다.

며느리배꼽, 며느리밑씻개

잎은 어긋 나고 세모꼴이며 잎줄기에 밑으로 향한 가시가 많이 나 있다. 잎의 모습은 비슷하나 잎에 잎자루가 붙은 위치가 서로 다르다.

식물명	줄기	잎	턱잎	꽃	열매
며느리배꼽	둥글며 작은 가시가 드문드문 나 있다.	끝이 둔한 세모꼴이며, 잎자루가 잎의 안쪽에 붙어 있다.	길이 1~3cm 둥근 배꼽 모양	수상꽃차례 꽃받침은 옅은 녹색	수과 남색
며느리밑씻개	네모지며 큰 가시가 촘촘히 나 있다.	끝이 뾰족하고 밑은 심장꼴이며, 잎자루는 잎의 밑에 붙어 있다.	길이 1cm 이하 줄기를 둘러싸나 갈라진다.	두상꽃차례 꽃받침은 옅은 분홍색	수과 검은색

작약 · 모란

작약속은 유럽과 아시아 등지에서 약 30종 정도 분포한다. 작약과 모란은 모두 미나리아재비과로 닮은 점이 많지만 작약은 여러해살이풀이고 모란은 작은키나무이다. 작약은 겨울이 되면 땅 위의 줄기는 말라죽고 뿌리만 살아 이듬해 봄에 뿌리에서 새 줄기가 나오며, 모란은 줄기가 겨울에도 죽지 않는다. 작약과 모란의 또 하나 재미있는 점은 꽃피는 순서이다. 모란꽃이 진 뒤에야 비로소 작약꽃이 피기 때문이다.

작약

Paeonia lactiflora var. *hortensis* Mak.

미나리아재비과 | 함박꽃

원산지는 중국이다. 여러해살이풀이며 우리나라 전역에서 잘 자란다. 내한성이 강하며, 기원전 500년경부터 약초로 재배하였다.

사는 곳   원산지는 중국이다. 우리나라 전역에서 심어 가꾼다.

모습   여러해살이풀

높이는 50~80cm이다. 줄기 끝에 꽃이 1개씩 달린다. 뿌리는 굵고 사방으로 퍼지며 자르면 붉은색을 띤다. 봄에 싹이 돋아나올 때는 잎과 줄기가 붉으나 자라면서 녹색으로 변한다.

쓰임새   꽃이 예뻐 정원이나 절, 서원, 공원 등지에 많이 심는다. 뿌리는 부인병, 복통, 두통, 해열, 진통 등의 약재로 쓴다.

줄기
봄에 줄기가 나올 때는 붉은빛을 띠나
자라면서 녹색으로 변한다.

열매
골돌과. 8월에 익는다. 내봉선에서
터져 씨앗이 나온다. 씨앗은 둥글고
검은색이다.

꽃
암수딴그루. 단성화이며 산형꽃차례이다. 5~6월에 잎보다 먼저 핀다.
꽃잎은 10장으로 깊게 갈라진다. 수꽃에는 9개의 수술이 있으며 퇴화한 암술이
있고, 암꽃에는 퇴화한 수술이 있다. 줄기 끝에 1송이씩 달린다.

잎
어긋나기. 길이 10~30cm로 달걀꼴
이다. 잎 가장자리가 둥글고 깊이
파였으며, 밑 모양은 귓불처럼 늘어지
고 가장자리가 물결처럼 구불거린다.
잎자루는 굵고 아주 짧으며 길이는
0.2~0.5cm이다.

작약의 전래

작약은 기원전 500년경부터 약초로 재배하였는데, 『시경』에 그
이름이 나와 있다. 1712년경 캠페르(Kamfer)가 유럽에 소개해 수
나라 시대부터 원예품종으로 발달하였다. 1805년 뱅크스(J.
Banks)가 유럽으로 건너가 알리면서 프랑스와 벨기에까지 전파
되었으며, 1824~1850년경에는 프랑스에서 많은 품종이 육성
되었다.

모란 *Paeonia suffruticosa* Andr.
미나리아재비과 | 목단

원산지는 중국이다. 우리나라에는 1,500년쯤 전에 들여와 전역에서 심고 있다. 중국에서는 예로부터 모란꽃을 꽃의 왕이라 하여 '화중왕', 부귀를 가져다준다고 하여 '부귀화'라고 부르며 즐겨 가꾸었다. 꽃이 크고 화려하여 '동양의 장미'라고도 불리지만 향기가 없다.

사는 곳 원산지는 중국이다. 우리나라 전역에서 심어 가꾼다.

모습 잎지는 작은키나무
높이는 1~2m이다. 줄기 끝에 꽃이 1개씩 달리며 줄기와 뿌리는 굵고 잔뿌리가 적다.

쓰임새 꽃이 예뻐 정원이나 절, 서원, 공원 등지에 많이 심는다. 뿌리를 '목단피'라 하여 약으로 쓰는데, 4~5년 된 뿌리껍질은 신진대사를 원활하게 한다.

나무껍질
검은 갈색이며 가지가 굵고
털이 없다.

꽃
양성화. 5월에 핀다. 꽃잎은 8장 이상이고 자줏빛이 도는 붉은색, 분홍색 등
여러 가지가 있다. 줄기 끝에 1송이씩 달린다.

열매
골돌과. 9월에 익는다. 갈색 털이 많이
나고 내봉선에서 터져 씨앗이 나온다.
씨앗은 둥글고 검은색이다.

잎
어긋나기. 2회 깃꼴겹잎으로 길이는
20~25cm이다. 작은잎은 길이
7~8cm이며 여러 갈래로 갈라진다.

모란과 선덕여왕에 얽힌 이야기

『삼국유사』에는 모란과 선덕여왕에 대한 이야기가 실려 있다.
신라의 27대 왕인 선덕여왕은 결혼하지 않고 혼자 살고 있었다.
어느 날 중국 당나라 태종이 모란 씨앗과 모란 그림을 선덕여왕
에게 보내왔다. 선덕여왕은 그림 속 모란꽃에 벌이나 나비가 없
는 것을 보고는 모란꽃은 향기가 없는 꽃임을 짐작하고, 선덕여
왕이 남편 없이 혼자 사는 자기를 비웃기 위해 태종이 일부러
보내온 것임을 알아차렸다고 한다. 지혜로운 선덕여왕에 대한
이야기이다.

작약, 모란

작약과 모란은 미나리아재비과로 같으나 작약은 여러해살이풀이고 모란은 작은키나무이다.
작약은 위쪽의 작은잎이 3개로 깊게 갈라지나 모란은 여러 갈래로 갈라진다.

식물명	모습	잎	꽃	열매
작약	여러해살이풀	위쪽 작은잎은 3개로 갈라진다.	단성화 5~6월 잎보다 먼저 핀다. 꽃잎은 10장 정도	8월 길이 1.5~2cm
모란	잎지는 작은키나무	작은잎은 여러 갈래로 갈라진다.	양성화 5월 꽃잎은 8장 이상	9월 길이 3~4cm

목련 · 백목련 · 함박꽃나무 · 태산목

목련속 식물은 전 세계에 약 35종 정도가 있는데, 특히 동남아시아 열대 지방에 많다. 백악기 제3기 지층화석으로 세계 각지에서 발견되며 아주 오래전부터 지구상에 살아온 원시적인 식물이다.

목련 *Magnolia Kobus* A. P. DC.
목련과 | 목란, 영춘화

개나리, 진달래, 벚꽃처럼 이른 봄에 잎보다 꽃이 먼저 피는 나무로 향기가 좋다. 원산지는 제주도 한라산 해발고 1,300m 지점인 개미목 부근이다. 우리나라에서는 정원이나 공원에 목련보다 백목련을 더 많이 심으므로 사람들은 흔히 백목련을 목련인 줄 안다.

사는 곳   우리나라 전역에서 저절로 자란다.

모습   잎지는 넓은잎 큰키나무
높이는 10m이다. 나무껍질은 회백색이며 밋밋하고 가지는 굵고 털이 없다. 잎눈에는 털이 없지만 꽃눈에는 황갈색의 털이 빽빽이 나 있다.

쓰임새   봄에 피는 흰 꽃이 아름다워 정원에 많이 심는다. 말린 꽃봉오리는 머리, 가슴, 이가 아프거나 코가 막혔을 때 달여 먹는다. 눅눅한 계절에 나뭇가지를 태우면 향기가 나고 습기도 없어져, 옛사람들은 연기가 잡귀를 내쫓는다고 믿었다.

나무껍질
회백색

꽃
3~4월에 잎이 나기 전 흰색으로 핀다. 지름 10cm, 길이 5~8cm이며
꽃잎 아래쪽에 옅은 붉은색 줄이 있다. 꽃잎은 얇고 6~9장이며 꽃받침은 3장이다.
수술은 약 30개이며 꽃밥과 수술대 뒤쪽은 붉은색이다. 백목련의 꽃보다
꽃잎이 더 활짝 뒤로 젖혀진다.

열매
골돌과. 9~10월에 붉게 익는다.
길이 5~7cm로 원통꼴이다.
씨앗은 타원꼴로 길이 1.2~1.3cm이고
껍질이 붉은색이다.

잎
어긋나기. 길이 5~15cm로 넓은
달걀꼴이며 뒷면에 잔털이 있다.
가장자리는 조금 구불구불하며
잎맥은 8~12쌍이다.

꽃눈
털이 빽빽이 나며 잎눈보다 크다.

◀ 꽃눈을 반으로 자른 모습

충성스런 신하를 닮은 목련

봄이 되면 목련의 꽃봉오리가 부풀면서 하나같이 북쪽으로 구
부러지는데, 이것은 남쪽을 향한 겨울눈 껍질이 북쪽을 향한 것
보다 햇볕을 받아 많이 자라서 생기는 현상이다. 그 모습이 임
금이 있는 북쪽을 바라보는 충성스런 신하를 닮았다 하여, 옛날
사람들은 목련을 가리켜 '충성과 예절을 갖춘 나무' 라고 칭송
하였다.

잎눈
털이 없으며 매우 작다.

백목련 *Magnolia denudata* Desr.

목련과 | 옥란

꽃잎이 크고 매우 희기 때문에 '백목련'이라고 부른다. 우리나라에서는 정원에 가장 많이 심는다. 꽃의 모양이나 피는 시기는 목련과 비슷하나 꽃잎 아래쪽에 옅은 붉은색 줄이 없다는 게 다르다.

사는 곳　원산지는 중국이다. 우리나라 전역에 많이 심는다.

모습　잎지는 넓은잎 큰키나무
높이는 15m이다. 나무껍질은 회백색이며 갈라지지 않는다. 어린 가지와 겨울눈에는 황갈색의 털이 빽빽이 나 있다.

쓰임새　봄에 피는 흰 꽃이 아름다워 정원에 많이 심는다.

나무껍질
회백색

꽃
3~4월에 잎이 나기 전 흰색으로 핀다. 지름 12~15cm, 길이 7~8cm이며 향기가
좋다. 6장의 꽃잎과 3장의 꽃받침은 모두 흰색으로 서로 비슷하게 생겼다.

열매
골돌과. 10월에 붉게 익는다.
길이 8~12cm로 원통꼴이다.

잎
어긋나기. 길이 10~15cm로
긴 타원꼴이다. 뒷면은 옅은 녹색이며
잎맥에 털이 약간 있다.

꽃눈
털이 빽빽이 나며 잎눈보다 크다.

잎눈
털이 없으며 매우 작다.

인기 많은 백목련

백목련은 우리나라 사람들이 가장 좋아하는 나무이다. 흔히 사
람들은 원산지가 중국인 백목련을 목련이라고 부르지만 우리나
라에 자생하는 목련은 백목련과는 다르다. 잎이 피기 전 하얗게
꽃피운 백목련은 청순하면서도 향기로워 정원수로 사랑을 많이
받는다.

함박꽃나무

Magnolia sieboldii K. koch

목련과 | 산목련, 함박이

우리나라 각처의 깊은 산골짜기에서 자라기 때문에 '산목련' 이라고 한다. 우리나라에서 저절로 자라며, 향기가 좋은 식물이다.

사는 곳   우리나라 전역에서 저절로 자란다.

모습   잎지는 넓은잎 중간키나무
높이는 7m이다. 나무껍질은 회백색이며 갈라지지 않는다. 어린 가지와 겨울눈에 누운털이 있다.

쓰임새   5~6월에 피는 흰 꽃이 아름다워 정원에 많이 심는다.

나무껍질
회백색

꽃
5~6월에 잎이 먼저 난 뒤 가지 끝에서 밑을 향해 흰색으로 핀다. 지름 7~10cm, 길이 3.5cm이며 향기가 좋다. 꽃잎은 6장으로 타원꼴이며 꽃밥과 수술대는 붉은 빛이 돈다.

열매
골돌과. 9월에 익는다. 길이 3~4cm로 둥근 타원꼴이다. 씨앗은 타원꼴로 길이 0.8~0.9cm이며 붉은색으로 익으면 터져 나와 흰 줄에 매달린다.

잎
어긋나기. 길이 6~15cm로 긴 타원꼴이다. 윗부분은 둔하지만 끝은 뾰족하고 가장자리는 밋밋하다. 뒷면은 회색빛을 띤 녹색이며 잎맥을 따라 털이 있다.

목련과 사촌인 함박꽃나무

함박꽃나무는 목련과 사촌인데 잎이 먼저 나고 꽃이 뒤늦게 피며 다소곳이 고개를 숙인 꽃이 핀다는 것이 다르다. 정원수로도 사랑받는다. 습기가 있고 약간 그늘진 곳에서 잘 자란다.

태산목 *Magnolia grandiflora* L.
목련과 | 양옥란

우리나라에 심는 목련류 중에서 유일한 늘푸른나무이며, 목련에 비해 잎과 꽃이 크기 때문에 '태산목'이라고 부른다.

사는 곳   원산지는 북아메리카이다. 우리나라에는 전라남도나 경상남도 이남에 심는다.

모습   늘푸른 넓은잎 큰키나무
높이는 30m이다. 나무껍질은 짙은 갈색이며 어린 가지와 겨울눈에는 붉은 갈색으로 털이 나 있다.

쓰임새   5~6월에 피는 흰 꽃이 아름답고 향기가 좋아 남부 지방에서 정원에 많이 심는다.

나무껍질
짙은 갈색

열매
골돌과. 9~10월에 익는다.
길이 7~10cm로 긴 타원꼴이며
갈색 털이 빽빽이 난다.

꽃
5~6월에 흰색으로 핀다. 지름 15~20cm, 길이 9~10cm이며 향기가 좋다.
꽃잎은 9~12장으로 거꾸로 된 달걀꼴이고 육질이 두껍다. 수술은 많고
수술대는 자주색이다.

태산목

-김성중

내 이름은 태산목이구요

늘푸른 나무랍니다.

목련과 나문데요

목련이 지고 나서

더위가 찾아오면

나는 태산만 한 꽃봉오리를

수줍게 터트린답니다.

내 두터운 이파리를 보세요

이파리가 두껍지만

내 꽃은 너무나도 하얘서

눈이 부실 겁니다.

(중략)

내 이름은 태산목이구요

목련과 늘푸른 나무예요.

잎
어긋나기. 길이 12~23cm로
긴 타원꼴이다. 앞면은 짙은 녹색으로
광택이 있고 뒷면은 갈색 털이
빽빽하게 자라 인도고무나무를 닮았다.

목련, 백목련, 함박꽃나무, 태산목

목련과 백목련은 3~4월에 꽃이 잎보다 먼저 피고 함박꽃나무는 5~6월에 잎이 난 뒤에 꽃이 핀다. 태산목은 우리나라에서 심는 목련류 중 유일한 늘푸른나무로 꽃은 5~6월에 핀다.

식물명	원산지	높이	잎	꽃	열매
목련	우리나라 일본	10m	길이 5~15cm	3~4월, 꽃잎 6~9장 꽃받침 3장	9~10월 원통꼴
백목련	중국	15m	길이 10~15cm	3~4월, 꽃잎 6장 꽃받침 3장	10월 원통꼴
함박꽃나무	우리나라	7m	길이 6~15cm	5~6월 꽃잎 6장	9월 둥근 타원꼴
태산목	북아메리카	30m	길이 12~23cm	5~6월, 꽃잎 9~12장 꽃받침 3장	9~10월 긴 타원꼴

생강나무 · 산수유

생강나무는 녹나무과이며 산수유는 층층나무과로 과도 다르고 잎의 형태도 매우 다르다. 그러나 똑같이 이른 봄에 노란색 꽃을 피워 봄소식을 알리기 때문에 많은 사람이 봄에 핀 노란색 꽃만 보고 이름을 잘못 부르는 경우가 많다.

생강나무

Lindera obtusiloba Bl.

녹나무과 | 산동백, 동박나무, 올동백, 개동백

이른 봄 잎이 나기 전에 노란색 꽃이 피면서 산속에서 가장 먼저 봄을 알리는 나무이다. 꽃과 잎을 손으로 비비거나 가지를 자르면 생강 냄새가 나기 때문에 '생강나무'라고 한다.

사는 곳　우리나라 전역에서 저절로 자란다. 특히 산의 계곡이나 돌이 모여 있는 곳에서 많이 자란다.

모습　잎지는 넓은잎 작은키나무
높이는 3m이다. 나무껍질은 회갈색이며 작은 가지와 겨울눈에 털이 없다.

쓰임새　새순과 어린잎은 달여서 차로 마시거나 나물로 먹는다. 열매는 기름을 짜서 머리에 바르거나
등잔의 기름으로 쓴다. 한방에서는 말린 가지를 '황매목'이라고 하며 배가 아플 때나 열이 날 때,
가래가 많을 때 약으로 쓴다.

나무껍질
회갈색이며 작은 가지와 겨울눈에
털이 없다. 겉껍질이 벗겨지지 않는다.

꽃
암수딴그루. 단성화이며 산형꽃차례이다. 3월에 잎보다 먼저 핀다. 노란색 꽃은
5송이씩 모여 꽃자루 없이 뭉치듯 달린다. 꽃잎은 6갈래로 깊게 갈라진다. 수꽃에는
9개의 수술이 있으며 퇴화한 암술이 있고, 암꽃에는 퇴화한 수술이 있다.

열매
장과. 지름 0.7~0.8cm로 둥근꼴이다.
9월에 검은색으로 익는다.

잎
어긋나기. 길이 5~15cm, 너비
4~13cm로 달걀형 둥근꼴이다.
윗부분이 3~5개로 갈라지지만
끝이 둔하고 가장자리는 밋밋하다.
잎자루는 길이 1~2cm로 털이 있다.

꽃눈

봄을 알리는 생강나무

생강나무의 노란색 꽃은 정열을 상징한다. 생강나무와 함께 새
봄을 알리는 나무에는 개나리, 미선나무, 산수유, 영춘화 등이
있다. 이들은 모두 노란색 꽃이 핀다.

생강나무는 우리나라의 산야에 어디든지 자란다. 작은 나무인
데 한자로는 황매(黃梅)라고 부른다. 예전에는 열매로 기름을 짜
서 상류 계급의 부인들이 머리에 바르거나 등잔불을 밝히는 데
쓰기도 했다. 이 기름을 '동백기름'이라 부르는데, 동백나무 열
매로 짠 동백기름보다 질이 더 좋다.

잎눈

산수유 *Conus officinalis* S. et Z.
층층나무과 | 산채황, 야춘계, 약조

이른 봄에 집 뜰이나 밭에서 다른 나무보다 일찍 노랗고 향기로운 꽃을 피우고 가을이 되면 빨간 열매를 맺는다.

사는 곳 우리나라 전역에서 저절로 자란다. 특히 중부 이남 지방에 많이 심는다.

모습 잎지는 넓은잎 중간키나무
높이는 7m이다. 나무껍질은 회갈색이며 세로로 갈라지면서 벗겨진다.

쓰임새 열매는 허약 체질에 좋다. 콩팥을 튼튼하게 하고 허리가 아플 때나 달거리가 고르지 못할 때 약으로 쓴다.

나무껍질
회갈색이며 세로로 갈라지면서 벗겨진
다. 작은 가지는 자갈색이다.

꽃
양성화이며 산형꽃차례이다. 3~4월에 잎보다 먼저 핀다. 노란색 꽃은
20~30송이가 모여 우산살처럼 펼쳐진다. 4장의 꽃잎과 4개의 수술,
1개의 암술이 있다.

열매
핵과. 길이 1.5~2cm로 긴 타원꼴이다.
8월에 붉은색으로 익는다.

잎
마주나기. 길이 4~12cm,
너비 2.5~6cm로 타원형 또는
달걀형 피침꼴이다. 잎의 끝은
뾰족하고 가장자리는 밋밋하다.
잎자루는 길이 0.5~1.5cm로
털이 있다.

꽃눈

잎눈

허약체질에 좋은 산수유

산수유의 신맛은 몰식자산, 마릭산, 주석산 등으로 구성되며 체
내에서 잘 흡수되므로 유난히 땀을 많이 흘리는 허약한 체질에
좋다. 경기도 이천, 경상북도 봉화, 경상남도 하동, 전라남도 구
례에는 산수유가 많이 나며 특히 지리산 자락인 산동면과 산내
면에서는 이른 봄에 노란 꽃이 만발하여 꽃을 즐기려는 사람들
이 많이 찾는다. 산동면의 산수유는 살이 두껍고 신맛과 떫은맛
이 두드러져서 매우 유명하다.

생강나무, 산수유

이른 봄에 노란색 꽃이 동그랗게 모여 산형꽃차례로 달린다. 생강나무는 꽃대가 짧고 암꽃과
수꽃이 각각 5송이씩 모여 달리며, 산수유는 꽃대가 길고 양성화가 20~30송이씩 모여 달린다.

식물명	잎	꽃	열매	나무껍질	향기
생강나무	달걀형 둥근꼴 잎의 맥이 3~5개로 갈라지고 끝이 둔하다.	단성화 5송이씩 달린다.	장과 검은색	겉껍질이 벗겨지지 않는다.	꽃, 잎, 줄기에 생강 냄새가 난다.
산수유	타원형 또는 달걀형 피침꼴 잎의 맥이 4~7쌍 끝이 뾰족하다.	양성화 20~30송이씩 달린다.	핵과 붉은색	겉껍질이 벗겨진다.	향기가 없다.

애기똥풀 · 매미꽃 · 피나물

애기똥풀, 매미꽃, 피나물은 양귀비과이다. 애기똥풀은 우리나라 전역에서 저절로 자라며, 매미꽃은 남부 지역인 지리산과 한라산에서 자라고, 피나물은 여러해살이풀로 중부 이북의 산지에서 자란다. 모두 노란색 꽃이 피며 잎과 줄기를 자르면 여러 색깔을 띤 즙액이 나온다.

애기똥풀 *Chelidonium majus* var. *asiaticum* Ohwi

양귀비과 | 까치다리, 산황련, 아기똥풀

우리나라의 양지나 숲의 가장자리에서 쉽게 볼 수 있는 두해살이풀이다. 뿌리는 붉은 굴색이고 땅속 깊이 뻗는다. 잎이나 줄기를 자르면 붉은빛이 도는 노란색 즙이 나오는데 그 색깔이 아기의 똥과 비슷하여 '애기똥풀' 또는 '아기똥풀' 이라고 부르게 되었다. 한 줄기에서 꽃봉오리와 꽃, 열매를 모두 볼 수 있다.

사는 곳 우리나라 전역에서 흔히 저절로 자란다.

모습 두해살이풀
원줄기의 높이는 30~80cm이다. 잎과 함께 분을 칠한 듯한 흰빛이 돌며 곱슬털이 있으나 나중에 거의 없어진다.

쓰임새 풀 전체를 약으로 쓴다. 독성이 있으나 봄철에 나물을 만들어 먹기도 한다.

줄기
줄기와 잎을 자르면 붉은빛을 띤
노란색 즙이 흘러나온다.

열매
삭과. 9월에 익는다. 길이 3~4cm로
좁은 원기둥꼴이다. 양끝이 좁고 같은
길이의 대가 있다.

꽃
산형꽃차례. 5월~8월에 노란색으로 핀다. 꽃잎은 4장, 꽃받침잎은 2장이다.
암술은 1개이고 암술머리 끝은 2갈래로 얕게 갈라지며 수술은 많다.

잎
어긋나기. 깃꼴로 1~2갈래 갈라진다.
길이 7~15cm이며 타원꼴이다. 끝이
둥글고 뒷면은 흰색이며 가장자리에
둔한 톱니가 있다.

애기똥풀에 얽힌 이야기

애기똥풀의 학명 중 속명인 첼리도니움(*Chelidonium*)은 제비를
뜻하는 그리스어 첼리돈(*Chelidon*)에서 유래되었다. 애기똥풀은
5~8월에 꽃이 피는데, 봄에 제비가 오면 꽃이 피기 시작하고
가을에 제비가 떠나면 꽃이 지는 데서 이름이 붙여졌다고 한다.

매미꽃
Hylomecon hylomeconoides T. Lee
양귀비과

우리나라 지리산과 한라산에서 자라는 여러해살이풀이다. 땅속줄기는 굵고 짧으며, 줄기에 잎이 달리지 않고 뿌리에서 모여 난다. 꽃은 뿌리에서 나온 꽃줄기 끝에 산형꽃차례로 많이 달리며 크기는 피나물보다 작다. 잎이나 줄기를 자르면 붉은색 즙이 나온다.

사는 곳 우리나라 지리산과 한라산에서 저절로 자란다.

모습 여러해살이풀
원줄기의 높이는 20~40cm이다. 짧고 굵은 뿌리줄기에서 잎이 모여 난다.

쓰임새 뿌리를 약으로 쓰며, 술을 담가 먹기도 한다.

줄기
줄기와 잎을 자르면 붉은색 즙이
흘러나온다.

꽃
산형꽃차례. 6~7월에 긴 꽃줄기 끝에 1~10송이씩 노란색으로 핀다. 꽃줄기는
높이가 30cm 정도이고 잎이 붙지 않는다. 꽃잎은 4장, 꽃받침잎은 2장이다.

열매
삭과. 8~9월에 익는다. 길이 3cm로
끝에 긴 부리가 있고 염주같이
잘록하다.

잎
잎은 뿌리에서 모여 난다. 작은잎이
3~7장인 깃꼴겹잎이며 타원꼴이다.
끝이 길고 가장자리에 톱니가 있다.

매미꽃과 피나물의 차이점은?

매미꽃과 피나물은 잎과 꽃 모양이 서로 비슷하다. 꽃줄기가 땅
속에 있는 뿌리에서 바로 올라와 꽃이 피면 매미꽃이고, 잎겨드
랑이에서 꽃줄기가 나와서 꽃이 피면 피나물이다.

피나물

Hylomecon vemale Max.

양귀비과 | 노랑매미꽃, 여름매미꽃, 화청화

우리나라 중부 이북의 숲 속에서 자라는 여러해살이풀이다. 땅속줄기는 굵고 짧으며 많은 뿌리가 나온다. 잎이나 줄기를 자르면 노란빛이 도는 붉은색 즙이 나온다. 어린잎은 독성이 있으나 봄철에 나물을 만들어 먹기 때문에 '피나물'이라고 부른다. 피나물을 비롯한 양귀비과 식물은 모두 몸속에 젖 같은 즙이 있다.

사는 곳 우리나라 중부 이북의 숲 속에서 저절로 자란다.

모습 여러해살이풀
원줄기는 연약하며 높이는 20~30cm이다. 곱슬털이 있으며 뿌리에서 나는 잎의 길이와 비슷하다.

쓰임새 풀 전체를 약으로 쓴다. 독성이 있으나 봄철에 나물을 만들어 먹기도 한다.

줄기
줄기와 잎을 자르면 노란빛이 도는
붉은색 즙이 흘러나온다.

열매
삭과. 6~7월에 익는다. 길이 3~5cm
이며 원기둥꼴이다. 종자가 아주
많이 들어 있다.

꽃
산형꽃차례. 4~5월에 줄기 끝부분의 잎겨드랑이에서 1~3송이씩 노란색으로 핀다.
꽃잎은 4장, 꽃받침잎은 2장으로 녹색이며 일찍 떨어진다.

잎
뿌리에 달린 잎은 모여 나고
잎자루가 길다. 5~7장으로 갈라진
깃꼴겹잎이며 꽃줄기와 길이가 비슷하다.
작은잎은 난형이며 가장자리에
불규칙한 톱니가 있다. 줄기에 달린
잎은 어긋나며 잎자루가 짧은
작은잎 3~5장으로 된 겹잎이다.

피나물 기르기

피나물은 화분이나 화단에서 가꿀 수 있으며, 특히 화단에 무리
를 지어 심으면 보기가 좋다.

화분에 심을 때는 반그늘의 바람이 잘 통하는 곳에 놓아두고 흙
이 마르지 않게 자주 관수를 해주어야 한다. 화단의 경우에는
습기 있는 반그늘인 곳이 좋다.

애기똥풀, 매미꽃, 피나물

애기똥풀은 두해살이풀이고, 매미꽃과 피나물은 여러해살이풀이다. 애기똥풀은 잎이 어긋나고 1~2갈래로 갈라진 겹잎이며 꽃은 5~8월에 핀다. 매미꽃은 잎이 모여 나고 작은잎이 3~7장인 깃꼴겹잎이며 꽃은 6~7월에 핀다. 피나물은 잎이 모여 나고 작은잎이 5~7장인 깃꼴겹잎이며 꽃은 4~5월에 핀다. 모두 잎이나 줄기를 자르면 노랗거나 붉은색 즙이 나온다.

식물명	모습	잎	꽃	열매	특징
애기똥풀	두해살이풀	어긋나기, 깃꼴 뒷면은 흰색	산형꽃차례 5~8월	삭과 9월	붉은빛이 도는 노란색 즙 독성이 있다.
매미꽃	여러해살이풀	뿌리에서 모여 난다. 작은잎 3~7장	6~7월 꽃줄기에서 1~10송이씩 노란색 꽃이 핀다.	삭과 8~9월	붉은색 즙
피나물	여러해살이풀	줄기에서 달린다. 작은잎 3~5장	4~5월 잎겨드랑이에서 1~3송이씩 노란색 꽃이 핀다.	삭과 6~7월	노란빛이 도는 붉은색 즙 독성이 있다.

갓 · 유채

십자화과에 속한다. 무와 배추를 비롯 들판에서 자라는 냉이와 다닥냉이 같은 무리도 같은 과이다. 갓과 유채는 꽃의 색깔과 구조가 같다. 노란색 꽃에는 4장의 꽃잎과 1개의 암술, 6개의 수술이 있는데, 6개의 수술 중 4개는 길고 2개는 짧다.

갓

Brassica juncea var. *integrifolia* Sinsk.
십자화과

원산지는 중국이다. 두해살이풀이며 우리나라 전역에서 심어 가꾼다. 높이는 1m 정도로
자라며 윗부분에서 가지가 갈라진다. 가을에 자라는 잎은 양면이 주름지고 흑자색을 띠며
김치를 담가 먹는데 매운맛이 난다. 겨울이 지나면 봄에 노란색 꽃을 피운다.

사는 곳　우리나라 전역에서 심으며 특히 전라남도 여수의 돌산에서 많이 심는다.

모습　　두해살이풀
　　　　　높이 1m 정도 자라며, 윗부분에서 가지가 갈라진다.

쓰임새　잎과 줄기로 김치를 담가 먹는다. 씨앗으로 겨자를 만들기도 한다.

줄기
윗부분에서 가지가 갈라진다.

갓의 겨울을 나는 모습

열매
각과. 5~6월에 익는다. 비스듬히 서
며 내부에 격막이 있고 방은 2개이다.

꽃
양성화. 총상꽃차례. 봄에서 여름까지 노란색
꽃이 핀다. 꽃잎과 꽃받침잎은 각각 4장이며
수술이 6개, 암술이 1개이다. 꽃받침잎은 유채에 비해
좁으며 옅은 녹색을 띤다. 수술 6개 중 4개는 길고 2개는 짧다.

꽃받침잎

잎
어긋나기. 위쪽 잎은 긴 타원상 피침
꼴이고 검은 자주색이며 가장자리는
거의 밋밋하다. 잎자루가 거의 없으며
줄기를 감싸지 않는다. 아래쪽 잎은
넓은 타원꼴이고 가장자리는 불규칙한
톱니 모양이며 잎자루가 있다.

갓에 얽힌 전설

인도의 한 사원에 바크와일리라는 요정이 살고 있었는데 꼼짝
않고 앉아만 있다가 그만 대리석이 되었다. 세월이 많이 흘러
사원은 없어졌고 그 자리에 농부가 밭을 일구어 갓씨를 뿌렸다.
그런데 몇 년 동안 아이가 없던 농부의 아내가 그 갓을 먹고 아
기를 낳았다. 사람들은 대리석이 되었던 요정이 다시 태어났다
고 기뻐하며 아기를 바크와일리라 불렀다고 한다.

유채

Brassica campestris subsp.*napus* var. *nippo-oleifera* Makino
십자화과

원산지는 품종에 따라 지중해 연안과 시베리아이다. 두해살이풀이며 우리나라 남부 지방에서 심어 가꾼다. 높이는 1m 정도이다. 씨앗에서 기름을 짜기 위해 들여왔으나 요즘에는 꽃을 보기 위해 많이 심는다. 겨울에 나는 잎은 먹기도 한다. 겨울이 지나면 봄에 노란색 꽃을 피운다.

사는 곳　우리나라 남부 지방에서 심어 가꾸며, 특히 제주도에서 많이 심는다.

모습　두해살이풀
높이 1m 정도 자라며, 줄기는 가지를 많이 친다.

쓰임새　꽃은 감상하거나 약으로 쓰고, 씨앗은 기름을 짤 때 쓴다. 겨울의 잎은 먹기도 한다.

줄기
가지를 많이 친다.

꽃
양성화. 총상꽃차례. 3~4월에 노란색 꽃이 핀다.
꽃잎과 꽃받침잎은 각각 4장이며 수술이 6개,
암술이 1개이다. 수술 6개 중 4개는 길고 2개는 짧다.

꽃받침잎

열매
각과. 5~6월에 익는다. 익으면
껍질 가운데 줄이 갈라지면서
검은 갈색의 씨앗이 튀어나오는데
약 20개 정도의 씨앗이 들어 있다.

잎
어긋나기. 가장자리에 무딘 톱니가
있고 앞면은 녹색이며 뒷면은
황록색이다. 위쪽 잎은 끝이 뾰족하고
밑이 귀처럼 처져 줄기를 감싸며
잎자루가 없다. 아래쪽 잎은 깃꼴로
깊게 갈라지며 잎자루가 길고
자줏빛이 도는 것도 있다.

유채의 겨울을 나는 모습

제주도 유채꽃 잔치

봄이 오면 제주도 전역을 노랗게 물들이는 유채꽃, 한데 어우러
져 피어 있는 유채꽃은 보는 이마다 감탄사를 자아낼 만큼 장관
을 이룬다. 유채꽃의 아름다움을 감상하려고 매년 실시하는 유
채꽃 잔치는 제주의 푸른 바다, 길옆의 돌담, 유채꽃 세 가지 색
이 어우러져 여인에게는 사랑을, 가족에게는 꿈과 행복을 준다.

갓, 유채

십자화과에 속하며 두해살이풀이다. 모두 봄에 노란색 꽃이 피는데 꽃과 잎이 매우 비슷하여 구별하기가 어렵다.

식물명	씨 뿌리는 시기	꽃피는 시기	꽃받침 너비	잎
갓	봄, 가을	봄에서 여름까지	좁다.	위쪽 잎 : 긴 타원상 피침꼴, 잎자루가 거의 없으며 줄기를 감싸지 않는다. 아래쪽 잎 : 넓은 타원꼴, 불규칙한 톱니와 잎자루가 있다. 가을 잎 : 양면은 주름지고, 흑자색이다. 김치를 담근다.
유채	봄, 가을	3~4월	넓다.	위쪽 잎 : 뾰족하고 밑이 귀처럼 처져서 줄기를 감싸며 잎자루가 없다. 아래쪽 잎 : 깃꼴로 깊게 갈라지며 잎자루가 길고 자줏빛이 도는 것도 있다.

황매화·죽단화

황매화와 죽단화는 같은 장미과에 속한다. 잎과 줄기의 모습은 비슷하나 꽃잎의 수가 다르다. 황매화의 꽃잎은 5장이나 죽단화의 꽃잎은 매우 많다. 모두 노란색 꽃이 핀다. 황매화(黃梅花)는 꽃 색깔이 노랗고 꽃 모양이 매화 같다는 뜻에서 붙여진 이름이다. 잎과 줄기의 모양이 황매화와 비슷하고 노란 겹꽃이 피는 겹황매화를 죽단화 또는 죽도화라고 부른다.

황매화 *Kerria japonica* De Candolle
장미과 | 수중화, 채당화, 출장화

황매화(黃梅花)는 매화나무와는 다른 식물이지만 꽃의 모양이 매화를 닮았기 때문에 노랑 매화라는 뜻으로 '황매화'라고 부른다. 출장화(黜牆花)라고도 하는데 담장(牆)에 늘어뜨려진(黜) 꽃이라는 의미로 꽃이 핀 황매화의 줄기가 담장에서 늘어지는 모양을 나타낸 것이다. 줄기는 항상 녹색이고 속에는 푹신한 속이 있다.

사는 곳   우리나라 중부 이남의 수분이 많고 양지바른 곳에서 잘 자란다.

모습   잎지는 넓은잎 작은키나무
높이는 2m 정도이다. 밑에서부터 줄기가 많이 나오며 가지는 녹색이고 털이 없다.

쓰임새   잎, 꽃, 줄기는 소화불량, 류머티즘 등의 약으로 쓴다. 관상용으로 많이 심는다.

나무껍질
녹색. 미끈하며 털이 없다.

열매
소견과. 9월에 꽃받침 안에서
검은 갈색으로 익는다.

꽃
갖춘꽃. 지름은 3~4cm이며 4~5월에 노란색 꽃이 핀다. 꽃잎은 5장이며
수술은 많고 암술대와 길이가 같다.

잎
어긋나기. 길이 3~7cm, 너비
2~3.5cm로 타원꼴이다. 끝이
뾰족하며 가장자리에 겹톱니가 있고
뒷면의 맥 위에 털이 있다.

가시나무가 변한 황매화

옛날 어촌에 황부자라는 사람이 외동딸과 살고 있었다. 어느 날
외동딸에게 사랑하는 청년이 생겼으나, 황부자는 그 청년의 집
안이 가난하다는 이유로 만나지 못하게 하였다. 갑자기 청년이
먼 길을 떠나게 되었다. 청년은 사랑의 증표로 손거울을 반으로
갈라 외동딸에게 주었다.

그 뒤 아름다운 황부자 딸에게 반한 도깨비가 황부자를 망하게
하고 딸을 외딴섬 도깨비굴에 가두었다. 그러고는 굴 밖에는 가
시가 돋친 나무들을 가득 심었다. 뒤늦게 도착한 청년은 가시나
무 주위만 맴돌고 있었는데, 굴 안에 있던 황부자 딸이 거울 반
쪽을 던지며 거울을 합하여 도깨비에게 비추라고 하였다. 청년
이 거울을 비추자 도깨비는 얼굴을 감싸며 괴로워하다가 결국
죽었다. 도깨비가 죽자 그렇게 날카롭던 가시나무의 가시들이
부드럽게 변해 황매화가 되었다고 한다.

죽단화

Kerria japonica for. *plena* Schneider
장미과 | 죽도화, 겹황매화

죽단화는 잎과 줄기 등의 모양이 황매화와 같으나 노란 꽃잎의 수가 황매화보다 매우 많다. 그래서 '겹황매화' 또는 '죽도화'라고 부른다.

사는 곳　우리나라 중부 이남의 수분이 많고 양지바른 곳에서 잘 자란다.

모습　잎지는 넓은잎 작은키나무
　　　높이는 2m 정도이다. 밑에서부터 줄기가 많이 나오며 가지는 녹색이고 털이 없다.

쓰임새　잎, 꽃, 줄기는 소화불량, 류머티즘 등의 약으로 쓴다. 관상용으로 많이 심는다.

나무껍질

녹색. 미끈하며 털이 없다.

열매

소견과. 9월에 꽃받침 안에서 검은
갈색으로 익으나 잘 맺지 않는다.

꽃

갖춘꽃. 지름은 3~4cm이며 4~5월에 노란색 꽃이 핀다.
꽃잎은 여러 겹이며 수술은 많고 암술대와 길이가 같다.

잎

어긋나기. 길이 3~7cm,
너비 2~3.5cm로 타원꼴이다.
끝이 뾰족하며 가장자리에
겹톱니가 있고 뒷면의 맥 위에
털이 있다.

천 겹이나 겹친 꽃 죽단화

죽단화는 노란 꽃잎이 천 겹(실제로는 여덟 겹 정도)이나 겹친 꽃이
라 하여 천엽황매화(千葉黃梅花)라고도 부른다. 천엽치자, 만첩홍
도, 만첩해당화처럼 꽃잎이 많은 것을 천엽 또는 만첩이라고 부
르기도 한다. 일본에서는 죽단화를 여덟 겹인 산취라 하여 팔중
산취(八重山吹)라고 부른다.

황매화, 죽단화

황매화와 죽단화는 같은 장미과에 속하고 모습도 서로 비슷하다. 황매화의 꽃잎은 5장이나 죽단화의 꽃잎은 매우 많다. 모두 노란색 꽃이 핀다.

식물명	잎	꽃	열매
황매화	어긋나기 타원꼴 	4~5월 꽃잎은 5장 	소견과 검은 갈색
죽단화	어긋나기 타원꼴 	4~5월 꽃잎의 수가 많은 겹꽃 	소견과 검은 갈색 잘 맺지 않는다.

자운영 · 토끼풀 · 괭이밥

자운영과 토끼풀은 콩과이며 괭이밥은 괭이밥과에 속한다. 자운영의 잎은 작은잎이 9~11장으로 된 깃꼴겹잎이며, 토끼풀과 괭이밥은 작은잎이 3장으로 된 손 모양의 겹잎으로 비슷하게 생겼으나 토끼풀 잎은 잔톱니가 있고 괭이밥 잎은 가장자리가 밋밋하며 털이 있다.

자운영 *Astragalus sinicus* L.

콩과 | 연화초, 홍화채

원산지가 중국인 두해살이풀이다. 우리나라 남부 지방의 밭둑이나 길 가장자리에 잘 자란다. 벼를 거둔 가을에 씨앗을 뿌려 이듬해 봄에 갈아엎고 모내기를 하면 비료를 줄 필요가 없을 정도로 땅이 기름지게 된다.

사는 곳   원산지는 중국이다. 우리나라 남부 지방의 밭둑이나 길 가장자리에 자란다.

모습   두해살이풀
          높이는 10~25cm이다. 흰색 털이 조금 나 있다. 줄기는 밑동에서 가지가 많이 갈라져서 옆으로 자라다가 곧게 선다.

쓰임새   목이 아플 때, 대상포진 등의 약으로 쓴다. 가축의 먹이나 풋거름으로 쓴다.

줄기
밑동에서 가지가 많이 갈라져서
옆으로 자라다가 곧게 선다.

열매
협과. 6월에 익는다. 길이 2~2.5cm
로 검고 털이 없다. 씨앗은 노랗고
납작하다. 꼬투리 속은 2칸으로
나뉘어 있고 2~5개의 씨앗이 들어
있다.

꽃
산형꽃차례. 4~5월에 짙은 분홍색이나 흰색의 꽃이 핀다. 꽃잎과 꽃받침잎은
각각 5장인데 저마다 생김새가 모두 다르며 꽃받침 가장자리에는 톱니가 있다.
수술은 10개이며 9개는 붙어 있고 1개는 따로 떨어져 있는데, 떨어져 있는
수술 밑에는 꿀샘이 있다.

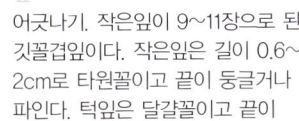

잎
어긋나기. 작은잎이 9~11장으로 된
깃꼴겹잎이다. 작은잎은 길이 0.6~
2cm로 타원꼴이고 끝이 둥글거나
파인다. 턱잎은 달걀꼴이고 끝이
뾰족하다.

쓰임새가 많은 자운영

자운영은 풋거름으로 쓰려고 중국에서 들여왔다. 콩과식물이어
서 공기 중의 질소를 빨아 들여 스스로 질소를 만들므로 겨우내
논에 심어 두었다가 봄에 갈아엎으면 비료를 줄 필요가 없다.
그 외에도 아주 쓸모가 많다. 갈아엎기 전 4~5월이 되면 논이
나 풀밭을 가득 채운 연보라색 꽃이 관광 자원이 된다. 또 꽃에
꿀이 많아 밀원식물, 인후염 등을 처방하는 약용식물, 나물로
먹는 식용식물 등 개발 가치가 아주 높다. 실제로 전라남도 함
평에선 관광 상품으로 개발해서 높은 소득을 기대한다.

토끼풀 *Trifolium repens* L.
콩과 | 클로버

원산지가 유럽인 여러해살이풀이다. 가축의 먹이로 쓰려고 심어 가꾸었다. 토끼가 잘 먹는다고 '토끼풀'이라는 이름이 붙여졌다.

사는 곳   원산지는 유럽이다. 우리나라 전역에서 심는다.

모습   여러해살이풀
높이는 30~60cm이다. 줄기는 밑동에서 가지를 치면서 땅 위로 뻗고 마디에서 뿌리를 내린다.

쓰임새   종기나 치질, 천식, 기침약으로 쓴다. 가축의 먹이로도 쓴다.

줄기
밑동에서 가지를 치면서 땅 위로 뻗고
마디에서 뿌리를 내린다.

열매
협과. 9월에 익는다. 가늘고 긴 꼬투리
속에 4~6개의 씨앗이 들어 있다.

꽃
두상꽃차례. 6~7월에 흰색의 꽃이 핀다. 꽃의 길이는 약 0.9cm이고 꽃자루의
길이는 20~30cm이다. 꽃은 피었다가 시들면 떨어지지 않고 갈색으로 말라서
열매를 둘러싼다.

붉은 토끼풀
원산지가 유럽인 여러해살이풀이다.
목초로 재배한다. 전체에 털이 조금 있고
붉은 자주색 꽃이 핀다.

잎
어긋나기. 작은잎이 3장으로 된
겹잎이다. 작은잎의 길이는 1.5~2.5cm,
너비는 1~2.5cm이다. 가장자리에
잔톱니가 있으며 잎자루는 길이
5~15cm로 길다. 잎맥이 뚜렷하며
턱잎은 갸름한 피침꼴이다.

토끼풀에 얽힌 이야기

세잎클로버의 꽃말은 약속, 행복, '나를 생각해 주세요.'이고
네잎클로버의 꽃말은 행운이다. 토끼풀은 클로버라고도 하는데
대부분 작은잎이 세 개이다. 나폴레옹과 클로버에 얽힌 재미있
는 이야기가 전한다. 나폴레옹이 전쟁 중 우연히 네잎클로버를
발견하여 잎을 자세히 보려고 허리를 굽혔는데, 때마침 총알이
날아와 그 총알을 피할 수 있었다. 이렇게 목숨을 구한 뒤부터
네잎클로버는 행운을 상징하게 되었다.

괭이밥 *Oxalis corniculata* L.
괭이밥과 | 초장초, 괴싱이, 시금초

우리나라 어디서나 햇빛이 잘 드는 곳이면 저절로 잘 자라는 여러해살이풀이다. 고양이가 소화가 잘 되지 않을 때 이 풀을 뜯어 먹는다고 해서 '괭이밥' 이라고 부른다. 괭이밥의 잎에는 옥살산이 많이 들어 있어서 신맛이 난다. 그래서 속명을 '옥살리스' 라고 한다.

사는 곳 우리나라 전역에서 저절로 자란다.

모습 여러해살이풀
높이는 10~30cm이다. 여러 줄기가 나와 옆으로 또는 위를 향해 비스듬히 자라며 가지가 많이 갈라진다.

쓰임새 잎을 찧어서 벌레 물린 데, 피부병 등의 약으로 쓴다. 봄에 어린잎은 나물로 먹는다.

줄기
밑동에서 여러 줄기가 나와 옆으로 또
는 위를 향해 비스듬히 자라며 가지가
많이 갈라진다.

열매
삭과. 9월에 익는다. 길이는
1.5~2.5cm로 원기둥꼴이다. 꼬투리
겉에는 주름이 여섯 줄로 지는데
익으면 주름을 따라 저절로 벌어지면서
씨앗이 튀어나온다. 꼬투리 속에는
볼록렌즈 모양의 씨앗이 많이 들어 있다.

잎
어긋나기. 작은잎이 3장으로 된 겹잎
이다. 작은잎의 길이와 너비는 각각
1~2.5cm로 거꾸로 된 심장꼴이고
위쪽이 오목하다.

꽃
산형꽃차례. 5~8월에 노란색 꽃이 핀다. 꽃은 길이 0.8cm이고 잎겨드랑이에서
나온 긴 꽃자루 끝에 1~8송이씩 달린다. 수술은 10개인데 5개는 길고 5개는
짧으며 암술대는 5개로 갈라진다.

붉은괭이밥

큰괭이밥

애기괭이밥

선괭이밥

괭이밥의 습성

괭이밥은 연약한 외모와는 달리 봄부터 가을까지 계속 꽃이 피
며, 밤이나 흐린 날에는 작은잎들이 가운데의 중심선을 따라 반
으로 접히는 습성이 있다. 육각기둥 모양의 열매는 익으면 열매
껍질이 터지면서 씨앗이 멀리 튀어나간다.

자운영, 토끼풀, 괭이밥

자운영과 토끼풀은 콩과이며 괭이밥은 괭이밥과로 속하는 과는 서로 다르다. 토끼풀과 괭이밥은 그 모습이 매우 비슷하므로 많은 사람이 괭이밥을 토끼풀이라고 잘못 부르는 경우가 많다.

식물명	모습	높이	잎	꽃	열매
자운영 (콩과 황기속)	두해살이풀	10~ 25cm	어긋나기 작은잎이 9~11장인 깃꼴겹잎 작은잎은 길이 0.6~2cm로 타원꼴 끝이 둥글거나 파인다. 	짙은 분홍색이나 흰색의 산형꽃차례 7~10송이가 모여 난다. 	협과 긴 꼬투리
토끼풀 (콩과 토끼풀속)	여러해살이풀	30~ 60cm	어긋나기 가장자리에 잔톱니가 있고, 잎자루가 길다. 	흰색의 두상꽃차례 꽃자루 길이 20~30cm 꽃은 시들면 떨어지지 않고 갈색으로 말라서 열매를 둘러싼다. 	협과 가늘고 긴 꼬투리
괭이밥 (괭이밥과)	여러해살이풀	10~ 30cm	어긋나기 작은잎이 3장으로 된 겹잎 작은잎은 길이 1~2.5cm로 거꾸로 된 심장꼴 가장자리와 뒷면에 털이 있다. 	노란색의 산형꽃차례 잎겨드랑이에서 나온 긴 꽃자루 끝에 1~8송이씩 달린다. 	삭과 원기둥꼴

초피나무 · 산초나무

초피나무와 산초나무는 운향과이며, 잎과 열매에서 독특한 향기가 난다. 대개 사람들이 이 두 식물을 제피나무, 젠피나무, 산초나무라고 섞어 쓸 정도로 모습이 매우 비슷하다. 초피나무는 김치를 담글 때 쓰거나 추어탕에 넣는 향신료로 쓴다. 산초나무는 씨앗으로 기름을 짜거나 산초간장, 산초장아찌를 만든다. 산초나무는 우리나라 전역에서 자라는 반면 초피나무는 추위에 약해 중부 이남에서 자란다.

초피나무

Zanthoxylum piperitum A. P. DC.

운향과 | 조피나무, 제피나무, 산초나무

우리나라 중부 이남의 산과 들에서 저절로 자란다. 잎에 있는 샘에서 독특한 향기를 뿜은 액체가 흘러나온다. 열매껍질의 가루를 초피라고 하는데 옛날부터 추어탕이나 고깃국을 끓일 때 비린내와 누린내를 없애려고 넣었다. 보통 사람들은 초피가루를 산초가루라고 잘못 알고 있는 경우가 많다.

사는 곳　우리나라 중부 이남의 산과 들에서 저절로 자란다.

모습　잎지는 넓은잎 작은키나무
높이는 3m이다. 작은 가지는 잎자루와 더불어 붉은빛이 돌며 털이 있고 잎자루 밑에는 가시가 2개씩 마주 달린다.

쓰임새　잎은 먹을 수 있으며 열매껍질은 조미료로 사용한다. 나무껍질은 전피라 하여 낚시에 사용하였다.

줄기의 가시
마주나기

열매
삭과. 9월에 적갈색으로 익으며 약간
길쭉한 둥근꼴이다. 가시털이 많다.
열매는 초록색, 붉은색, 적갈색으로
변하면서 익는다. 씨앗은 검은색이다.

꽃
암수딴그루. 5~6월에 잎겨드랑이에서 원추꽃차례로 달린다. 꽃은 갈색 털이
빽빽이 나며 황록색이다. 꽃잎, 꽃받침잎, 수술은 각 5개이며 암술머리는
3개로 갈라진다.

잎
어긋나기. 홀수깃꼴겹잎이다. 작은잎은
13~17장이며 타원꼴이다. 길이는
1~3.5cm로 가장자리에 물결 모양의
톱니가 있다. 톱니의 밑부분과 끝부분에
샘이 있어 향기가 난다. 잎 중앙부에
옅은 황록색의 반점이 있다.

향신료로 사용하는 초피나무 열매

경상도, 전라도 지방에서는 초피나무를 제피나무, 젬피나무라
고 부른다. 가을이면 씨앗을 따다가 절구에 빻아서 쓰는데 까만
씨앗보다는 씨앗껍질에서 향기가 많이 난다. 산초나무도 향기
가 있지만 초피나무보다 훨씬 약하다. 주로 경상도 지방에서 초
피를 향신료로 주로 사용한다.

초피나무 · 산초나무

산초나무
Zanthoxylum schinifolium S. et Z.
운향과 | 분지나무, 상초, 전피

우리나라 전역의 그리 높지 않은 산의 양지바른 곳에서 잘 자란다. 추위와 척박한 땅에서는 잘 자라지만 그늘진 곳에서는 잘 자라지 못한다. 중부 지방에서 많이 볼 수 있다. 잎의 가장자리에 있는 샘에서 독특한 향기를 뿜은 액체가 흘러나온다. 집 주위에 심으면 짙은 향기 때문에 모기가 모이지 않는다.

사는 곳 우리나라 전역에서 저절로 자란다.

모습 잎지는 넓은잎 작은키나무
높이는 3m이다. 줄기에 가시가 어긋나게 달린다.

쓰임새 열매는 기름을 짤 때 쓰며, 열매껍질은 배가 아프고 설사가 날 때, 허리와 무릎이 시릴 때, 이가 아플 때 약으로 쓴다. 이가 아플 때 열매껍질을 씹으면 마취가 되어 아픔을 느끼지 못한다.

줄기의 가시
어긋나기

열매
삭과. 10월에 초록빛이 도는 갈색으로
익으며 둥근꼴이다. 씨앗은 검은색이다.

꽃
암수딴그루. 7~9월에 가지 끝에 산방꽃차례로 달린다. 꽃은 지름이 0.3cm로
옅은 녹색이다. 꽃잎과 꽃받침잎은 5개이다. 수술은 꽃잎과 길이는 같으나
곧게 서기 때문에 밖으로 나오며 암술머리는 3개로 갈라진다.

산초나무 잎의 특징

잎
어긋나기. 홀수깃꼴겹잎이다.
작은잎은 11~21장이며 긴 타원꼴이다.
작은잎은 길이 1.5~5cm로 가장자리에
물결 모양의 무딘 톱니가 있다.

초피나무의 작은잎은 가장자리에 물결 모양의 톱니가 드문드문
달리고 황록색 무늬가 있어 투박하면서도 야성적으로 보이며,
상대적으로 잎이 길고 잔톱니가 있는 산초나무의 잎은 세련된
느낌이 든다. 톱니 아래쪽에 샘이 있어 독특한 향이 나온다.

초피나무, 산초나무

잎, 꽃, 열매, 나무의 모습이 매우 비슷하다. 그러나 자세히 관찰해 보면 초피나무는 작은잎에 물결 모양의 톱니가 있고, 가시는 서로 마주나며 원추꽃차례이다. 반면 산초나무는 작은잎에 잔톱니가 있고 가시는 어긋나며 산방꽃차례이다.

식물명	잎	꽃	열매	가시
초피나무	작은잎은 13~17장 길이 1~3.5cm 긴 타원꼴, 잎의 샘에서 독특한 향기가 난다.	원추꽃차례 5~6월 황록색	삭과 9월 적갈색 열매는 조미료용	마주나기 붉은색
산초나무	작은잎은 11~21장 길이 1.5~3cm 긴 타원꼴, 톱니의 샘에서 독특한 향기가 난다.	산방꽃차례 7~9월 옅은 녹색	삭과 10월 초록빛이 도는 갈색 열매 기름은 약용	어긋나기 잿빛이 도는 검은색

가죽나무 · 참죽나무

가죽나무는 소태나무과이며 참죽나무는 멀구슬나무과로 과는 다르나 잎의 모습이 매우 비슷하다. 가죽나무 잎은 홀수깃꼴겹잎으로 가장자리 아래쪽에 3~4개의 큰톱니와 샘이 있다. 참죽나무 잎은 짝수깃꼴겹잎으로 가장자리 전체에 잔톱니가 있다. 가죽나무 잎은 먹지 못하므로 '가짜죽나무' 라는 뜻에서 '가죽나무(假僧木)' 라고 부른다. 참죽나무 잎은 먹을 수 있으므로 '진짜죽나무' 라는 뜻에서 '참죽나무(眞僧木)' 라고 부른다.

가죽나무

Ailanthus altissima Swingle

소태나무과 | 가중나무, 개가죽나무

원산지는 중국이다. 귀화식물이며 '가중나무' 라고도 한다. 나무껍질은 회갈색으로 오랫동안 갈라지지 않는다. 대기오염이 심한 도시에서 잘 자라서 환경오염을 나타내는 지표식물로 연구한다.

사는 곳 우리나라 전역에서 심어 가꾼다.

모습 잎지는 넓은잎 큰키나무
높이는 20m이다. 나무껍질은 회갈색이며 오랫동안 갈라지지 않는다.

쓰임새 공원이나 가로수로 심는다. 뿌리, 줄기의 속껍질은 이질 약으로 쓰고 목재는 작은 기구나 합판의 재료로 쓴다.

나무껍질
회갈색. 오랫동안 갈라지지 않는다.
작은 가지는 황갈색이나 적갈색이다.

꽃
암수딴그루. 간혹 암수한그루도 있다. 6～7월에 원추꽃차례로 핀다.
꽃은 지름이 0.7～0.8cm이며 초록색을 띤 흰색이다. 꽃잎과 꽃받침잎은
각각 5장, 수술은 10개이며 암술은 5개로 갈라진다.

열매
시과. 9～10월에 갈색으로 익는다.
길이 3～5cm로 타원꼴이다. 씨앗은
날개 가운데에 1개씩 들어 있다.

잎
어긋나기. 홀수깃꼴겹잎이다. 길이는
50～80cm이다. 작은잎은 13～25장
이며 길이 7～13cm로 긴 타원꼴이다.
가장자리의 밑부분에 2～4개의
톱니와 샘이 있다.

샘
잎 아래쪽의 가장자리 톱니에
사마귀처럼 생긴 샘이 있다.

가죽나무 잎의 자기방어 본능

가죽나무 잎의 톱니 끝에는 사마귀처럼 생긴 샘이 있는데 그곳
에서 지독한 냄새가 난다. 가죽나무가 지독한 냄새를 풍기는 이
유는 자기의 잎을 보호하기 위함이다. 참죽나무나 음나무처럼
대부분의 나무는 잎을 사람들에게 나물로 제공하는데, 가죽나
무는 그런 아량마저 사람에게 베풀 의향이 없는 듯하다.

참죽나무 Cedrela sinensis A. Juss
먹구슬나무과 | 참중나무, 쭉나무

원산지는 중국이다. 우리나라에는 목재용으로 들여와 많이 심었다. 특히 전라도 지방에는 울타리 옆이나 뒤뜰에 한두 그루씩 심었다. '참중나무' 라고도 한다.

사는 곳　우리나라 전역에서 심어 가꾼다.

모습　잎지는 넓은잎 큰키나무
높이는 20m이다. 나무껍질은 얇게 갈라져서 붉은색을 띠며, 가지는 굵고 짙은 갈색이다.

쓰임새　목재는 건축재로 사용한다. 봄에 나는 어린잎은 나물로 무쳐 먹거나
고추장에 넣어 참죽장아찌를 만들어 먹기도 한다.

나무껍질
붉은색. 얇게 갈라진다.
가지는 굵고 짙은 갈색이다.

꽃
양성화. 6월에 가지 끝에 조그만 종 모양의 흰 꽃이
원추꽃차례로 달린다. 꽃잎과 꽃받침잎은 각각 5장, 수술은 10개이다.
그 중 5개는 꽃밥이 없다. 꽃차례는 길이 40cm이며 밑으로 처진다.

열매
삭과. 9~10월에 갈색으로 익는다.
길이 2.5cm로 달걀꼴이며 5개로
갈라진다. 씨앗은 양쪽에 날개가 있다.

잎
어긋나기. 짝수깃꼴겹잎이다.
길이는 60cm이다. 작은잎은
10~20장이며 길이 8~15cm로
긴 타원꼴이다.

샘
잎의 가장자리에는 톱니가 조금 있거나
없으며, 샘이 없다.

지역마다 이름이 다른 참죽나무

원산지는 중국이다. 우리나라에는 목재용으로 들여와 많이 심
었으며 특히 전라도 지방에는 울타리 옆이나 뒤뜰에 한두 그루
씩 심었다. '참중나무' 라고도 한다. 봄에 나는 어린잎은 나물로
무쳐 먹거나 고추장에 넣어 참죽장아찌를 만들어 먹기도 한다.

가죽나무, 참죽나무

서로 다른 종류의 나무이나 잎의 모습이 매우 비슷하다. 가죽나무 잎은 홀수깃꼴겹잎으로 가장자리 아래쪽에 3~4개의 큰톱니와 샘이 있다. 참죽나무 잎은 짝수깃꼴겹잎으로 가장자리 전체에 잔톱니가 있다.

식물명	높이	잎	꽃	열매	나무껍질	쓰임새
가죽나무	20m	홀수깃꼴겹잎 아래쪽 톱니 끝에 2~4개의 샘이 있다. 누린내가 나서 먹지 못한다.	초록색을 띤 흰색	9~10월 시과	회갈색 오랫동안 갈라지지 않는다.	목재가 연하여 합판의 재료로 사용
참죽나무	20m	짝수깃꼴겹잎 앞면은 녹색이고 뒷면은 옅은 녹색이다.	종 모양의 흰색	9~10월 삭과	붉은색 얇게 갈라진다.	속이 단단하여 목재로 사용

꽝꽝나무 · 회양목

꽝꽝나무는 감탕나무과이고 회양목은 회양목과로 서로 속하는 과가 다르다. 그러나 모두 늘푸른나무로 잎의 크기나 모양, 나무의 모양이 거의 비슷하다. 꽝꽝나무는 잎에 톱니가 있고 열매는 핵과이나 회양목은 잎에 톱니가 없으며 열매는 삭과이다. 정원이나 공원의 낮은 울타리용으로 쓴다.

꽝꽝나무 *Ilex crenata* Thunberg
감탕나무과 | 개화양, 꽝냥, 꽝꽝이낭

잎이 두껍고 잎살에 살이 많아 불 속에 던지면 잎이 갑자기 팽창하여 터진다. '꽝꽝' 하고
소리를 내며 탄다고 하여 '꽝꽝나무' 라는 이름이 붙여졌다.

사는 곳   전라북도 변산반도 이남의 산기슭에서 저절로 자란다.

모습   늘푸른 넓은잎 작은키나무
높이는 3m이다. 나무껍질은 회갈색이다. 가지와 잎이 무성하고 잎이 촘촘히 달린다.

쓰임새   정원이나 공원의 낮은 울타리용으로 심어 가꾼다.

나무껍질
회갈색. 작은 가지는 녹색이다.

열매
핵과. 10월에 검은색으로 익으며
둥근꼴이다.

꽃
암수딴그루. 6~7월에 백록색으로 핀다. 수꽃은 짧은 총상꽃차례나
겹총상꽃차례로 3~7송이씩 달리며, 암꽃은 잎겨드랑이에 1송이씩 달린다.

잎
어긋나기. 길이 1.5~3cm로 타원꼴이
다. 가장자리에 가는 톱니가 있으며
뒤로 조금 젖혀진다.

부안 중계리의 꽝꽝나무 군락

전라북도 부안 중계리의 꽝꽝나무 군락은 산 위쪽의 다소 평평한 곳에 형성되어 있다. 과거 기록에 의하면 약 700여 그루가 모여 대군락을 형성하였다고 하나 지금은 그 수가 크게 줄어 200여 그루 정도만 남아 있다. 꽝꽝나무 군락이 있는 이곳을 잠두(누에머리)라고 부르며, 풍수지리적으로 명당자리에 해당한다고 한다. 부안 중계리의 꽝꽝나무 군락은 그 분포상 꽝꽝나무가 자랄 수 있는 가장 북쪽 지역이므로 천연기념물 제124호로 지정하여 보호하고 있다. 또한 이곳의 꽝꽝나무는 바위 위에서 자라고 있어 건조한 곳에서 잘 자라는 군락이라는 점에서도 큰 가치가 있다.

회양목

Buxus microphylla var. *koreana* Nakai

회양목과 | 도장나무, 고양나무, 화양목

우리나라 산지의 석회암 지대에서 저절로 자란다. 가지의 가운데에 있는 골속이 작고 단단하며 나무의 재질도 단단하다. 도장의 재료로 많이 쓰여 '도장나무' 라고도 부른다.

사는 곳　우리나라 산지의 석회암 지대에 저절로 자라며, 전역에서 심어 가꾼다.

모습　늘푸른 넓은잎 중간키나무
높이는 7m이다. 작은 가지는 녹색이며 네모진다.

쓰임새　정원이나 공원 등에 심어 가꾸며, 목재는 조각재로 쓴다.

나무껍질
작은 가지는 녹색, 큰 가지는 회갈색

꽃
암수한그루. 4~5월에 노란색으로 핀다. 가지 끝이나 잎겨드랑이에
1~4개가 모여 피며 꽃잎이 없다.

열매
삭과. 6~7월에
갈색으로 익으며 둥근꼴이다.

잎
마주나기. 길이 1~1.5cm로 타원꼴이다.
두껍고 질기다. 뒷면은 연두색이며
약간의 털이 있고 가장자리는 밋밋하다.

회양목의 쓰임새

사랑의 여신 비너스를 제사 지낼 때 이 나무를 사용하면 비너스
가 보복하여 남성의 생식기를 빼앗아 버린다는 무서운 신화가
있다. 터키에서는 장례식 때 묘지에 심는데, 쉽게 자라지 않아
'장수' 의 뜻으로 받아들여지는 모양이다.

이집트의 발굴품 중 회양목 머리빗이 있다. 재질이 단단하여 최
고품으로 인정되어 궁궐 여인들의 머리를 다듬을 때 사용하였
다. 그 밖에 도장, 인쇄 자재, 주판알, 장기알, 보석함, 지팡이,
숟가락 등을 만들 때 두루 쓰인다. 정원에 동물 모양으로 다듬
어 놓으면 보기에도 좋다.

꽝꽝나무, 회양목

서로 다른 종류이나 모습과 쓰임새가 비슷하다. 꽝꽝나무는 잎에 톱니가 있고 열매는 핵과이나 회양목은 잎에 톱니가 없으며 열매는 삭과이다.

식물명	높이	가지	잎	꽃	열매
꽝꽝나무	3m	많다.	어긋나기, 타원꼴 가는 톱니가 있다. 잎이 뒤로 말리며 얇다.	암수딴그루 6~7월 백록색	핵과 10월 검은색
회양목	7m	작은 가지 녹색	마주나기, 타원꼴 가장자리가 밋밋하며 두껍고 질기다.	암수한그루 4~5월, 노란색 꽃잎이 없다.	삭과 6~7월 갈색

동백나무 · 애기동백

동백나무와 애기동백은 차나무과 차나무속에 속한다. 차나무과에는 차나무속, 빗죽이나무속, 사스레피나무속, 노각나무속이 있으며, 노각나무속을 제외한 속들의 나무는 모두 늘푸른나무이다. 잎, 꽃, 열매, 줄기의 모양이 비슷하나 동백나무는 어린 가지에 털이 없고, 애기동백은 꽃잎이 펼쳐지고 씨방과 열매 표면에 털이 있다.

동백나무 *Camellia japonica* L.
차나무과 | 동백, 동백목

동백나무는 추위에 약해 바닷바람의 영향으로 기후가 따뜻한 지방에서 잘 자란다. 서해안에서는 대청도, 동해안에서는 울릉도까지만 자라고 그 위로는 자라지 않으며, 육지에서는 고창의 선운사와 구례의 화엄사까지만 자란다.

사는 곳 우리나라 제주도와 남부 지방의 바닷가에서 자란다.

모습 늘푸른 넓은잎 중간키나무
높이는 7m이다. 줄기 밑에서부터 가지가 많이 갈라져 키작은나무 모습으로 되는 것이 많다.
나무껍질은 회갈색이며 작은 가지는 갈색이다.

쓰임새 남부 지방에서 정원이나 가로수, 울타리로 많이 심어 가꾼다. 목재는 건축, 가구재로 쓰고
씨앗에서 얻는 동백기름은 요리, 화장품 원료, 머릿기름으로 쓴다.

나무껍질
회갈색. 작은 가지는 갈색이다.

열매
삭과. 9~10월에 갈색으로 익는다.
지름 3~4cm로 둥글다. 익으면
3갈래로 벌어진다. 짙은 갈색의
씨앗이 3~9개 들어 있다.

꽃
양성화. 2~4월에 잎겨드랑이나 가지 끝에 1개씩 핀다.
지름은 5~6cm이다. 흰색이나 분홍색, 붉은색으로 피며
꽃잎은 5~7장, 꽃받침잎은 5장이다. 수술은 많고 원통으로 되어 있으며 밑부분이
1/3 정도 붙어 있으며 암술대는 3갈래로 갈라진다.

잎
어긋나기. 길이 5~12cm, 너비 3~7cm
로 타원꼴이다. 끝이 뾰족하며 가장자리
에 물결 모양의 잔톱니가 있다. 두껍고
질기며 반들반들하다.

동백나무에 얽힌 전설

옛날 어느 마을에 사이좋은 부부가 살았다. 어느 날 남편이 부
모님을 뵈러 다녀오겠다며 고향인 동백섬으로 떠나게 되었다.
아내는 남편에게 돌아올 때에 동백나무의 씨를 가져오라고 부
탁했다. 하지만 몇 달이 지나도 남편은 돌아오지 않았다. 곧 아
내는 병이 들고 말았다. 1년이 지나 남편이 돌아왔을 때는 이미
아내가 숨을 거둔 뒤였다. 그 뒤 남편은 슬피 울며 아내의 무덤
에 동백나무 씨를 뿌려 주었다. 그랬더니 아내를 닮은 동백꽃이
바다를 향해 피었다고 한다.

애기동백 *Camellia sasanqua* Thunb.

차나무과 | 산다화, 산다목

우리나라 남부 지방에 많이 심는다. 나무껍질이 황갈색 또는 흑갈색이어서 회갈색인 동백
나무와 구별되며, 꽃이 초겨울에 피며 씨방에 흰 털이 빽빽하게 나는 것도 동백나무와 다
르다. 잎의 크기가 동백나무보다 작아 '애기동백' 이라고 부른다.

사는 곳 원산지는 일본이다. 우리나라에서는 제주도와 남부 지방에 심는다.

모습 늘푸른 넓은잎 중간키나무
높이는 6m이다. 나무껍질은 흑갈색이며 동백나무보다 잎이 작고 가지가 가늘며
잎 뒷면의 맥 위에 털이 있다.

쓰임새 남부 지방에서 정원이나 가로수, 울타리로 많이 심어 가꾼다. 목재는 건축, 기구, 기계, 조각,
신탄재로 쓴다. 씨앗에서 기름을 짠다.

나무껍질
흑갈색. 동백나무보다 가지가 가늘다.

열매
삭과. 8~9월에 갈색으로 익는다.
지름 1.5cm로 둥글다. 털이 많고
익으면 3갈래로 벌어진다.

꽃
양성화. 10~12월에 잎겨드랑이나 가지 끝에 1개씩 핀다.
지름은 5~8cm이다. 흰색이나 분홍색으로 피며 꽃잎은 5장,
꽃받침잎은 5장이다. 수술은 많고 밑부분이 0.2~0.3cm 정도
조금 붙어 있으며 암술대는 3갈래로 갈라진다.

잎
어긋나기. 길이 3~7cm, 너비
1~3cm로 타원상 피침꼴이다.
끝이 뾰족하며 가장자리에 물결
모양의 잔톱니가 있다. 두껍고
질기며 반들반들하다.

동백나무, 애기동백

잎, 꽃, 열매, 줄기의 모양이 비슷하나 동백나무는 어린 가지에 털이 없고 애기동백은 꽃잎이 펼쳐지고 씨방과 열매 표면에 털이 있다. 잎의 크기, 꽃이 피는 시기, 수술 밑부분이 붙어 있는 상태 등이 다르다.

식물명	잎	꽃	수술의 밑부분	열매	가지	털의 유무
동백나무	두껍고 윤기가 난다. 길이 5~12cm	양성화 2~4월	거의 붙어 있다.	삭과 9~10월 지름 3~4cm	굵다.	잎 뒷면의 맥 위와 씨방에 털이 없다.
애기동백	두껍고 윤기가 난다. 길이 3~7cm	양성화 10~12월	붙어 있는 부분이 짧다.	삭과 8~9월 지름 1.5cm	가늘다.	잎 뒷면의 맥 위와 씨방에 털이 있다.

진달래·철쭉·산철쭉

진달래, 철쭉, 산철쭉은 모두 진달래과로 잎지는 넓은잎 작은키나무이다. 우리나라 전역에서 저절로 자라며 봄이 되면 이곳저곳의 산야를 붉게 물들인다. 꽃의 모양은 매우 비슷하나 피는 시기가 다르다. 진달래는 꽃이 잎보다 먼저 피고 꽃잎이 매우 얇다. 반면 철쭉과 산철쭉은 잎과 꽃이 같이 피고 꽃잎이 매우 두껍다.

진달래 *Rohdodendron mucronulatum* Turcz.

진달래과 | 참꽃, 두견화

우리나라 전역에서 저절로 자라며 산성인 척박한 땅에서도 잘 자란다. 근래에 땅이 기름지고 우리나라 산지가 참나무 숲으로 변하면서 점점 줄어들고 있다. 꽃이 필 무렵 두견새가 운다고 하여 '두견화'라고 하며, 꽃을 먹을 수 있어 '참꽃'이라고도 부른다.

사는 곳   우리나라 전역에서 저절로 자란다.

모습   잎지는 넓은잎 작은키나무
높이는 2~3m이다. 작은 가지는 옅은 갈색이다.

쓰임새   감상하려고 심어 가꾼다. 꽃은 술을 담그거나 화전을 부쳐 먹으며
잎과 뿌리는 피를 잘 돌게 하는 약으로 쓴다.

나무껍질
회흑색. 작은 가지는 옅은 갈색이다.

꽃
양성화. 3~4월에 잎보다 먼저 옅은 홍자색으로 핀다. 잎겨드랑이에
1~5송이씩 달리고 꽃잎 안쪽 위쪽에 자주색 반점이 희미하거나 없다.
꽃은 지름이 3~4.5cm이며 5갈래로 갈라지는 통꽃이다. 수술은 10개이고
수술대 밑에 털이 나며 암술이 수술보다 길다.

열매
삭과. 8~9월에 익는다.
길이 약 2cm로 긴 타원꼴이다.
열매가 익으면 다섯 조각으로
벌어진다.

잎
어긋나기. 길이 4~7cm,
너비 1.5~2.5cm이며 타원꼴이다.
양면에 털이 있으며 앞면은 녹색
뒷면은 황록색이다. 잎맥이 뚜렷하지
않으며 꽃이 다 피고 나서 잎이 나기
시작한다.

진달래 이야기

옛날에는 온돌방에 불을 때려고 산속에 나무를 마구 베고 낙엽
까지 모두 긁어가는 바람에 거름이 될 만한 물질이 없어서 흙이
척박하고 산성을 띠었는데, 척박하고 산성에 약한 나무나 풀은
못 자라는 대신 강한 진달래가 많이 자랐다. 다른 식물에 독이
되는 물질을 내뿜는 소나무 숲에서도 진달래는 꿋꿋하게 자랐
으나, 지난 몇십 년 동안 흙이 기름지고 소나무 숲이 점점 참나
무 숲으로 바뀌면서 진달래가 가득 했던 곳에 다른 식물이 들어
와 자리를 빼앗게 되었다.

우리나라에서 진달래가 유명한 산은 강원도 춘천의 오봉산, 충
청북도 영동의 민주지산, 대구 달성의 비슬산, 전라남도 여수의
영취산, 경상남도 창녕의 화왕산 등이다.

철쭉 *Rohdodendron schlippenbachii* Max.

진달래과 | 개꽃, 연달래

우리나라 전역의 산등성이에서 저절로 자란다. 진달래와 혼동하기 쉬우나, 꽃 색깔이 더 옅고 꽃이 필 때 잎도 함께 조금씩 나오며 잎이 더 크고 넓다. 진달래꽃이 질 무렵에 꽃이 핀다고 하여 '연달래' 라고도 부른다.

사는 곳   우리나라 전역에서 저절로 자란다.

모습   잎지는 넓은잎 작은키나무
높이는 2~5m이다. 작은 가지는 회갈색이다.

쓰임새   정원이나 공원을 꾸미려고 심어 가꾼다. 잎과 꽃은 혈압을 낮추는 데 쓰며 꽃을 찧어서
상처에 붙이면 아픈 것이 가라앉는다.

나무껍질
옅은 황갈색. 작은 가지는 회갈색이다.

열매
삭과. 10월에 익는다.
길이 약 1.5cm로 타원꼴이다.

꽃
양성화. 5월에 잎과 함께 연분홍색으로 핀다. 가지 끝에 3~7송이씩 모여 달리고
꽃잎 안쪽의 위쪽에 자주색 반점이 진하게 있다. 꽃잎 위쪽이 5갈래로 갈라진
통꽃이다. 수술은 10개이고 길이가 서로 같지 않으며, 암술은 1개이다.

잎
어긋나기(가지 끝에서는 5장씩
모여나기). 길이 5~10cm로 달걀꼴이다.
앞면은 녹색이고 털이 있으나 점차
없어진다. 뒷면은 옅은 녹색이고 맥 위에
털이 있으며 가장자리는 밋밋하다.

철쭉 이야기

흔히 철쭉이라고 부르는 나무 대부분은 철쭉이나 진달래 집안
의 식물을 교배하여 만든 원예품종이다. 꽃이 아름다워 전 세계
에서 꽃의 색깔과 모양이 다른 수많은 원예품종을 만들어 가꾼
다. 우리나라 강원도 정선군 반론산에는 200살쯤 되는 철쭉이
있는데, 높이 5m, 둘레 78cm로 우리나라에서 가장 크다. 천연
기념물 제348호로 지정하여 보호한다.

산철쭉 *Rohdodendron yedoense* var. *poukhanense* (Lev.) Nakai
진달래과 | 개꽃

우리나라 전역의 산지에서 저절로 자란다. 햇가지와 꽃자루에 끈끈한 액이 있으며 꽃잎 내부 위쪽에 자주색 반점이 진하게 나 있다. 꽃에 독이 있어 먹지 못하므로 '개꽃'이라고도 부른다.

사는 곳   우리나라 전역에서 저절로 자란다.

모습   잎지는 넓은잎 작은키나무
높이는 1~2m이다. 나무껍질은 회갈색이며 밑동에서 많은 줄기가 갈라져서 포기를 이룬다.

쓰임새   감상하려고 심어 가꾼다. 꽃은 혈압을 낮추는 데 쓴다.

나무껍질
회갈색. 작은 가지는 옅은 갈색이다.

열매
삭과. 10월에 익는다.
길이 0.8~1cm로 달걀꼴이다.
억센 털이 있다.

가지

꽃
양성화. 5월에 잎이 난 뒤 옅은 홍자색으로 핀다. 가지 끝에 2~3송이씩 달리고
꽃잎 안쪽 위쪽에 자주색 반점이 진하게 있다. 꽃잎 위쪽이 5갈래로 갈라진 통꽃
이다. 수술은 10개이고 수술대는 털이 없거나 아래쪽에 털 모양의 돌기가 있고
암술대는 아래쪽에 털이 있다.

잎
어긋나기. 길이 3~8cm,
너비 1~3cm로 타원꼴이다.
앞면은 짙은 녹색으로 털이
드문드문 있으며 뒷면은 황록색으로
특히 맥 위에 털이 빽빽이 있다.

산철쭉, 진달래, 철쭉을 구별하려면?

산철쭉은 진달래, 철쭉과 같은 진달래과에 속하는 만큼 생김새
도 비슷한데, 구별하는 방법은 다음과 같다. 첫째, 진달래는 꽃
이 먼저 피고 나중에 잎이 나오지만 철쭉과 산철쭉은 잎과 꽃이
함께 핀다. 둘째, 철쭉은 꽃잎이 두껍고 주걱 모양의 잎이 가지
끝에서 5장씩 모여 나지만 산철쭉은 잎이 가는 선형이다. 셋째,
산철쭉은 줄기에 난 잎과 달리 꽃봉오리 근처에서 꽃받침과 잎
이 모여 나는데 이는 겨울눈을 보호하기 위해서이다.

우리나라에서 산철쭉으로 유명한 산은 강원도 태백의 태백산,
경상북도 영주의 소백산, 경상남도 합천의 황매산, 산청의 지리
산 세석평전, 제주도 한라산 등이다.

진달래, 철쭉, 산철쭉

꽃의 모양은 매우 비슷하나 피는 시기가 다르다. 진달래는 꽃이 잎보다 먼저 피고 꽃잎이 매우 얇으며 먹을 수 있다. 철쭉과 산철쭉은 잎과 꽃이 같이 피고 꽃잎이 매우 두꺼우며 독성이 있어 먹을 수 없다. 진달래와 산철쭉의 잎은 타원꼴이고 철쭉은 달걀꼴이다.

식물명	꽃과 잎	꽃피는 시기	꽃의 색깔	꽃의 모양	열매	잎	독성
진달래	꽃이 먼저 핀다.	3~4월	옅은 홍자색	꽃잎이 얇고 자주색 반점이 희미하거나 없다.	긴 타원꼴 다섯 조각으로 벌어진다.	타원꼴, 잎맥이 뚜렷하지 않고 털이 있다.	없다.
철쭉	꽃과 잎이 함께 핀다.	5월	연분홍색	자주색 반점이 있다.	타원꼴 털이 있다.	달걀꼴, 가지 끝에 5장씩 달린다. 꽃이 필 때 뒤로 말린다.	있다.
산철쭉	꽃과 잎이 함께 핀다.	5월	옅은 홍자색	짙은 자주색 반점이 있다.	타원꼴 억센 털이 있다.	타원꼴 잎맥이 뚜렷하고 털이 있다.	있다.

때죽나무 · 쪽동백나무 · 백동백

때죽나무와 쪽동백나무는 때죽나무과이다. 잎은 쪽동백나무가 훨씬 크나 그 외의 특징은 서로 비슷하다. 때죽나무의 잎은 작고 가장자리에 이빨 모양의 톱니가 있거나 없고, 쪽동백나무의 잎은 크고 가장자리 윗부분에만 불규칙하고 날카로운 톱니가 있다. 백동백은 녹나무과로 쪽동백나무와 이름은 비슷하나 성질은 매우 다르다. 백동백의 잎은 톱니가 없으며 겨울에도 마른 잎이 가지에 붙어 있다.

때죽나무

Styrax japonica Sieb. et Zucc.
때죽나무과 | 대쪽나무, 족나무

우리나라 전역에서 저절로 자란다. 햇빛이 조금 드는 숲 속의 계곡에서 잘 자란다. 열매를 찧어 물에 풀어 놓으면 물고기들이 떼죽음을 당한다고 하여 '때죽나무'라는 이름이 붙여졌다.

사는 곳 우리나라 전역에서 저절로 자란다.

모습 잎지는 넓은잎 중간키나무
높이는 10m이다. 나무껍질은 검고 세로줄무늬가 있다.

쓰임새 경치를 꾸미려고 심어 가꾼다. 목재나 향수의 원료로 쓰고 열매는 기름을 짤 때 쓴다.

나무껍질
검은색

열매
핵과. 9~10월에 초록빛이 도는
옅은 회색으로 익는다. 길이 1.3cm로
달걀꼴이다.

꽃
양성화. 5~6월에 흰색으로 피며 총상꽃차례이다. 잎겨드랑이에서 2~4송이씩
달리며 지름은 1.5~3cm이다. 수술은 10개이며 꽃밥은 노란색이다. 꽃자루는
1~3cm로 길다.

잎
어긋나기. 길이 2~8cm, 너비
2~4cm로 달걀꼴이다. 가장자리에
이빨 모양의 톱니가 있거나 없다.

때죽나무 열매의 쓰임새

때죽나무의 덜 익은 열매껍질에는 에고사포닌이라는 물질이 있
어 옛날부터 기름때를 없애는 세제로 사용하거나 고기를 잡거
나 독화살을 만드는 데도 썼다. 때죽나무는 대기오염이나 추위
에 강하고 산성 토양에도 잘 견디므로 오염을 측정하는 지표식
물로 이용한다.

쪽동백나무 *Styrax obassia* Sieb. et Zucc.
때죽나무과 | 정나무, 산아주까리나무, 개동백나무, 쪽나무

우리나라 전역의 숲 속에서 저절로 자란다. 동백나무와 전혀 닮지 않았으나 이름이 '쪽동백나무'가 된 것은 옛날에는 쪽동백나무의 열매에서 짠 기름이 '동백기름'을 대신하여 사용하였기 때문이다.

사는 곳　우리나라 전역에서 저절로 자란다.

모습　잎지는 넓은잎 중간키나무
높이는 10m이다. 나무껍질은 회갈색이며 매끈하고 윤이 난다.

쓰임새　경치를 꾸미려고 심어 가꾼다. 목재는 가구를 만들거나 조각할 때 쓴다.
씨앗으로 기름을 짜서 등잔에 불을 밝히고 양초를 만든다.

나무껍질
회갈색

열매
핵과. 9~10월에 초록빛이 도는 옅은
회색으로 익는다. 길이 2cm로 타원꼴
이다. 열매껍질에 털이 많으며 익으면
불규칙하게 갈라진다.

꽃
양성화. 5~6월에 흰색으로 핀다. 총상꽃차례로 길이 10~20cm까지 밑으로
처진다. 작은 꽃자루는 0.8~1cm이며 털이 있다.

잎
어긋나기. 길이 7~20cm, 너비
8~20cm로 타원꼴 또는 달걀형
둥근꼴이다. 가장자리의 윗부분에는
날카롭고 불규칙한 톱니가 있다.

쪽동백나무 이야기

아이들과 쪽동백나무의 큰 잎으로 가면을 만들거나 흰 꽃을 꿰
어 목걸이를 만들어 놀기도 한다. 동백나무가 자라지 않는 중부
이북의 산간 지방에서는 동백기름 대신 쪽동백나무를 이용해
불을 밝히고, 양초나 비누를 만드는 데도 사용했다. 쪽동백나무
의 기름은 머리에 생긴 이를 완전히 없앨 수 있을 정도로 효과
가 좋다. 나무껍질의 수액은 안식향 성분이 있어 방부제나 향료
의 재료가 된다.

백동백

Lindera glauca Blume
녹나무과 | 감태나무

우리나라 황해도 및 강원도 이남의 산등성이의 양지에서 저절로 자란다. 일반적으로 '감태나무' 라고 부른다. 겨울에도 마른 잎이 떨어지지 않고 가지에 붙어 있는 게 특징이다.

사는 곳 황해도, 강원도 이남에서 저절로 자란다.

모습 잎지는 넓은잎 작은키나무
높이는 3~7m이다. 나무껍질은 회백색이다.

쓰임새 잎과 줄기는 향료로 쓰며, 잎은 차로 마시거나 가루로 만들어 먹는다.

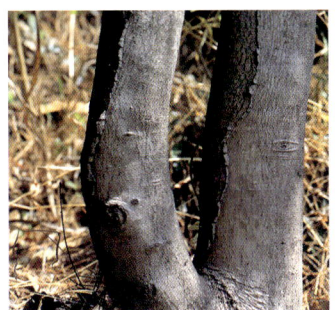

나무껍질
회백색

열매
장과. 9월에 검은색으로 익는다.
지름 0.6~0.7cm로 둥근꼴이다.

꽃
암수딴그루. 4월에 노란색으로 피며 산형꽃차례이다. 잎겨드랑이에 달리며
꽃잎은 6개로 갈라진다. 수술은 9개로 바깥쪽 줄에 6개, 안쪽 줄에 3개 있다.

잎
어긋나기. 타원꼴 또는 긴 타원꼴이다.
잎의 끝은 뾰족하고 밑부분은 둥글다.
앞면은 윤기가 나며 뒷면은 회녹색이다.

백동백 이야기

백동백은 우리나라 곳곳에 널리 자라지만 아는 사람이 많지 않
다. 화려한 꽃이 피거나 나무껍질 또는 잎 모양이 남다르거나
모습이 웅장하고 멋있어 사람들 눈에 쉽게 띄는 나무는 그 이름
이 알려지기 쉽지만 별 특징이 없는 나무는 사람들이 관심을 거
의 갖지 않기 때문일 것이다. 잎과 줄기에 특이한 매운 향이 나
서 향료로 쓴다. 잎은 곡식과 섞어 먹기도 한다.

때죽나무, 쪽동백나무, 백동백

때죽나무의 잎은 작고 가장자리에 이빨 모양의 톱니가 있거나 없고, 쪽동백나무의 잎은 크고 가장자리 윗부분에만 날카롭고 불규칙한 톱니가 있다. 두 나무 모두 총상꽃차례이나 때죽나무는 잎겨드랑이에서 꽃대가 나오면서 일정한 길이로 꽃이 모여 달리지만 쪽동백나무의 꽃은 새 가지의 끝에 총상꽃차례를 이루며 달린다. 백동백의 잎은 톱니가 없으며 겨울에도 마른 잎이 가지에 붙어 있고 산형꽃차례이다.

식물명	모습	잎	꽃	열매	나무껍질
때죽나무	잎지는 중간키나무 10m	달걀꼴 길이 2~8cm로 다양	총상꽃차례 5~6월, 2~4송이씩 모여 달린다.	핵과, 9~10월 초록빛이 도는 옅은 회색	검은색
쪽동백나무	잎지는 중간키나무 10m	타원꼴이나 달걀형 둥근꼴 뒷면은 희게 보인다.	총상꽃차례 5~6월 여러 송이가 모여 핀다.	핵과, 9~10월 초록빛이 도는 옅은 회색 껍질에 털이 많다.	회갈색
백동백	잎지는 작은키나무 3~7m	타원꼴 겨울에도 마른 잎이 붙어 있다.	산형꽃차례 4월	장과 9월 검은색	회백색

개나리·만리화·영춘화

개나리, 만리화, 영춘화는 모두 물푸레나무과로 개나리와 만리화는 개나리속이며 영춘화는 쥐
똥나무속이다. 개나리와 만리화의 잎은 하나씩 달리는 홑잎이고 열매는 삭과로 9월에 익는다.
영춘화는 3장으로 된 홀수깃꼴겹잎이고 열매는 장과로 7월에 익는다.

개나리 *Forsythia koreana* Nakai

물푸레나무과 개나리속 | 신리화, 어리자나무, 연교

함경도를 제외한 어느 곳에서나 잘 자란다. 건조와 추위, 공해에도 잘 견딜 정도로 생명력이 강하다. 산수유, 목련, 진달래처럼 봄에 잎보다 먼저 노란색 꽃이 피며, 꽃이 질 즈음에 연두색 잎이 나온다. 줄기가 늘어지는데 높은 축대 위에 심으면 키보다 훨씬 더 길게 늘어지기도 한다.

사는 곳   우리나라 전역에서 심어 가꾼다.

모습   잎지는 넓은잎 작은키나무
높이는 3m이다. 나무껍질은 회갈색이고 껍질눈이 뚜렷하게 나타나며 가지는 늘어진다.

쓰임새   감상하려고 심어 가꾼다. 열매를 연교라고 하는데, 열매는 열을 내리고 독을 풀고, 염증을 가라앉히고, 오줌을 잘 누게 하며 피부병이나 곪은 상처에 좋아 약으로 쓴다.

나무껍질
회갈색

열매
삭과. 9월에 갈색으로 익는다. 길이
1.5~2cm로 뾰족한 달걀꼴이다.
겉에는 사마귀 같은 것이 튀어나온다.
씨앗은 갈색이고 날개가 있다.

꽃
암수한그루. 4월에 잎보다 먼저 노란색으로 핀다. 잎겨드랑이에 1~3송이씩
달린다. 길이 1.5~2.5cm로 종 모양이다. 꽃잎은 끝이 4갈래로 깊게 갈라진다.
수술은 2개로 암술보다 길거나 짧다.

잎
마주나기. 길이 3~12cm로 타원꼴이다.
가장자리는 밋밋하나 잎의 윗부분에
이따금 톱니가 생기기도 한다.
어린 가지에 나는 잎은 가끔씩 3갈래로
갈라진다.

개나리의 학명 유래

개나리의 학명은 포시티아 코레아나(*Forsythia Koreana*)이다. 속
명인 *Forsythia*는 영국의 원예학자 윌리엄(William A. Forsth)을 기
념하여 붙인 이름이며, 종명인 *Koreana*는 원산지가 우리나라
임을 나타낸다. 서양에서는 줄기에 달린 노란꽃 모양을 본떠서
골든벨(Golden-bell) 즉 황금종이라는 이름으로 부른다.

만리화 *Forsythia ovata* Nakai

물푸레나무과 개나리속 | 금강개나리

우리나라 중부 이북(경상북도, 강원도 금강산, 설악산, 황해도 구월산)의 해발 200~800m 지역 산지의 계곡에서 저절로 자란다. 개나리와 비슷하게 생겼으나 잎이 넓은 달걀 모양으로 갈라지지 않고, 가장자리에 톱니가 있거나 거의 없으며 가지가 늘어지지 않는 점이 다르다.

사는 곳   우리나라 중부 이북의 해발 200~800m 지역 산지에서 저절로 자란다.

모습   잎지는 넓은잎 작은키나무
높이는 1~1.5m이다. 나무껍질은 회색 또는 짙은 회색으로 껍질눈이 많다.

쓰임새   감상하려고 심어 가꾼다. 열매는 약으로 쓴다.

나무껍질
회색 또는 짙은 회색

열매
삭과. 9월에 익는다. 길이는 1cm로
둥근꼴이다. 겉은 편평하다.
씨앗은 다각꼴이다.

꽃
암수한그루. 4월에 노란색으로 핀다. 잎겨드랑이에 1송이씩 달린다.
길이 1.5~2cm로 종 모양이다. 꽃잎은 끝이 4갈래로 깊게 갈라진다.

장수만리화

잎
마주나기. 길이 5~7cm로 넓은
달걀꼴이다. 앞면은 짙은 녹색,
뒷면은 회녹색이고 가장자리에
톱니가 있거나 거의 없다.

만리화 이야기

우리나라 특산식물로 환경부 지정 특정야생식물이다. 개나리의
줄기는 회갈색으로 밑으로 늘어지며 속이 비어 있다. 반면 만리
화의 줄기는 회색 또는 짙은 회색으로 늘어지지 않고 속이 차
있다.

영춘화 *Jasminum nudiflorum* Lindley
물푸레나무과 쥐똥나무속 | 봄맞이꽃

원산지는 중국이다. 우리나라 전역에서 흔히 심는다. 이른 봄에 노란색 꽃을 피워 봄을 맞이한다는 뜻에서 '영춘화' 또는 '봄맞이꽃' 이라고 부른다. 가지는 네모지고 밑으로 늘어진다. 새 가지는 녹색을 띤다.

사는 곳   원산지는 중국이다. 우리나라 전역에서 심어 가꾼다.

모습   잎지는 넓은잎 작은키나무
　　　　　 높이는 1m이다. 나무껍질은 회갈색이고 줄기는 네모지며 늘어진다.

쓰임새   감상하려고 심어 가꾼다. 꽃은 해열이나 이뇨제로 쓰고 잎은 타박상약으로 쓴다.
　　　　　 열매는 스민유를 만들거나 결막염 치료제로 쓴다.

나무껍질
회갈색. 새 가지는 녹색이다.

열매
장과. 7월에 익는다. 우리나라에서는
열매가 잘 맺지 않는다.

꽃
암수한그루. 3월에 노란색으로 핀다. 묵은 가지의 잎겨드랑이에 1송이씩 달린다.
종 모양이며 꽃잎은 끝이 6갈래로 깊게 갈라진다.

잎
마주나기. 홀수깃꼴겹잎이며
작은잎은 3장이고 타원꼴이다.
앞면은 짙은 녹색이며 뒷면은
황록색이다.

영춘화와 개나리의 차이점은?

영춘화와 개나리는 꽃의 색깔과 모양, 늘어지는 긴 줄기를 따라
꽃피는 모습이 비슷하다. 영춘화는 꽃잎이 5~6장으로 갈라지
고 잎이 3장으로 된 깃꼴겹잎이나 개나리는 꽃잎이 4장으로 갈
라지고 잎은 하나씩 달린 홑잎이다.

개나리, 만리화, 영춘화

개나리속에 속하는 개나리와 만리화의 잎은 하나씩 달리는 홑잎이고, 열매는 삭과로 9월에 익는다. 쥐똥나무속인 영춘화는 3장으로 된 홀수깃꼴겹잎이고, 열매는 장과로 7월에 익는다.

식물명	높이	잎	나무껍질	꽃	열매
개나리	3m	길이 3~12cm 타원꼴	회갈색 껍질눈이 뚜렷하고 가지는 늘어진다.	4월 꽃잎은 끝이 4갈래로 깊게 갈라진다.	삭과 9월 뾰족한 달걀꼴
만리화	1~1.5m	길이 5~7cm 넓은 달걀꼴 윤기가 난다.	짙은 회색 껍질눈이 많으며 가지는 늘어지지 않는다.	4월 꽃잎은 끝이 4갈래로 깊게 갈라진다.	삭과 9월 둥근꼴
영춘화	1m	홀수깃꼴겹잎 타원꼴	회갈색 새 가지는 녹색 네모지며 늘어진다.	3월 꽃잎은 끝이 6갈래로 깊게 갈라진다.	장과 7월 잘 맺지 않는다.

나팔꽃·메꽃

나팔꽃과 메꽃은 메꽃과로 꽃의 모양은 비슷하나 꽃의 색깔과 잎의 모양이 다르다. 나팔꽃은 열매가 잘 맺기 때문에 씨앗으로 번식이 가능하나 메꽃은 열매가 잘 맺지 않으므로 땅속줄기로 번식한다.

나팔꽃 *Pharbitis nil* Choisy
메꽃과 | 조안화, 견우화

원산지는 인도이다. 한해살이 덩굴풀로 우리나라 전역에서 심어 가꾼다. 식물 전체에 아래쪽으로 털이 난다. 줄기는 다른 물체를 감고 올라가는데 항상 왼쪽으로 감으면서 3m 정도 자란다. 공기가 오염되면 잎에 큰 붉은 반점이 생길 만큼 아주 민감하므로 대기의 오염 정도를 알아보는 지표식물로 많이 심는다.

사는 곳   원산지는 인도이다. 우리나라 전역에서 심어 가꾼다.

모습   한해살이 덩굴풀
길이 3m 정도 자란다. 온몸에 아래로 향한 털이 나고 줄기는 덩굴진다.

쓰임새   꽃을 감상하려고 심는다. 몸이 붓고 다리가 아프거나 기생충 때문에 소화가 안 될 때
씨앗을 약으로 쓴다.

줄기
덩굴성. 줄기는 왼쪽으로 감고
올라가며 아래로 향한 털이 있다.

열매
삭과. 9~10월에 익는다. 동글납작하다.
속이 3칸으로 나뉘어 있고 칸마다
씨앗이 2개씩 들어 있다.

잎
어긋나기. 심장꼴이며 3갈래로
갈라진다. 겉에 털이 있고 가장자리가
밋밋하며 잎자루가 길다.

꽃
양성화. 7~8월에 핀다. 남보라색이며
나팔 모양이다. 잎겨드랑이에서 나온
꽃자루에 1~3송이 달리며, 지름은
10~23cm이다. 꽃받침잎은 5갈래로
갈라진다. 수술은 5개, 암술은 1개이다.

나팔꽃이 피는 과정
나팔꽃은 여름에 피는데,
낮의 길이를 감지하면서 핀다.
새벽 3시경 봉오리가 벌어지고
이른 아침 5시경에 활짝
피었다가 오후 3시경 시든다.

나팔꽃에 얽힌 전설

아주 먼 옛날, 한 고을에 그림을 잘 그리는 화공이 살았다. 어느
날 그 고을을 다스리던 원님의 귀에 화공의 부인이 미인이라는
소문이 들어갔다. 원님은 화공의 부인을 빼앗으려고 궁리 끝에
화공 부인에게 억울한 죄명을 덮어씌워 감옥에 가두었다. 부인
을 빼앗겨 억울한 화공은 밤낮으로 허공만 바라보다가 결국 미
쳐 버렸다. 그 뒤 화공은 오직 집안에만 틀어박혀 그림 한 장을
그렸다. 그림이 완성되자 옥 밑에 그림을 묻고 그 자리에서 죽
었다. 간밤에 남편 꿈을 꾼 부인이 이상히 여겨 아침에 창을 열
고 밖을 내다보았다. 그곳에는 남편의 넋이 변한 한 줄기의 아
름다운 나팔꽃이 피어 있었다고 한다.

메꽃 *Calystegia japonica* Thunberg

메꽃과 | 선화

여러해살이 덩굴풀로 우리나라 들판에서 흔히 볼 수 있다. 땅속의 희고 굵은 뿌리줄기에서 새싹이 나와 덩굴줄기로 자라는데 2m 정도 뻗어 나간다. 메꽃류에는 메꽃, 큰메꽃, 애기 메꽃, 갯메꽃, 선메꽃 등이 있는데, 꽃 모양이 매우 비슷해 조금씩 다르게 생긴 잎의 모양 으로 구별한다. 꽃은 나팔꽃과 비슷하게 생겼으나 옅은 분홍색이고 아래쪽이 좀 희다.

사는 곳   우리나라 전역의 들판에서 저절로 자란다.

모습   여러해살이 덩굴풀
길이 2m 정도 자란다. 땅속의 희고 굵은 뿌리가 사방으로 뻗는다.

쓰임새   뿌리줄기는 오줌을 잘 누게 하고 위와 장을 튼튼하게 하며 열이나 혈압을 내리는 약으로 쓴다.

큰메꽃
덩굴성 줄기는 2m 정도
뻗어 나간다. 잎은 어긋나며
길이 4~8cm, 너비 3~7cm로
둥근 세모꼴이다. 꽃은 6~8월에
옅은 분홍색으로 핀다.

꽃
양성화. 6~8월에 핀다. 옅은 분홍색이며 나팔 모양이다.
잎겨드랑이에서 나온 긴 꽃자루에 1송이씩 달리며, 길이 5~6cm,
지름 5cm이다. 꽃받침잎은 5갈래로 갈라진다. 수술은 5개, 암술은 1개이다.

애기메꽃
덩굴성 줄기는 1m 정도 뻗어
나간다. 잎은 길이 4~6cm,
너비 3~6cm이다. 꽃은 길이와
지름이 4cm 이하이며 6~8월에
옅은 홍색으로 핀다.

뿌리
뿌리는 굵고 길며 흰색을 띤다.
군데군데에서 덩굴성 줄기가 나와
자란다.

잎
어긋나기. 긴 타원상 피침꼴이며
밑부분이 귓불 모양으로 뾰족하다.
길이는 5~10cm이며 너비는
옆으로 나온 귓불 모양의 뾰족한
부분까지 합쳐 2~7cm이다.

열매
삭과. 9~10월에 익지만 거의
맺지 않는다.

갯메꽃
해변가에서 저절로 자란다.
덩굴성 줄기는 2m 정도
뻗어 나간다. 잎은 길이 2~3cm,
너비 3~5cm로 둥글다.
꽃은 5~6월에 옅은 홍색으로
핀다.

메꽃 이야기

나팔꽃은 오후가 되면 꽃이 지는데 메꽃은 해가 지고 나면 꽃이
진다. 메꽃의 하얀 뿌리를 메라고 하는데, 배고픈 보릿고개가
있던 시절에 사람들이 메를 삶아먹곤 하였다.

나팔꽃, 메꽃

나팔꽃의 잎은 심장꼴이며 3갈래로 갈라지고 털이 많다. 꽃은 보라색, 흰색, 붉은색 등 다양하다. 메꽃의 잎은 타원상 피침꼴로 밑부분이 귀 모양으로 뾰족하다. 꽃은 옅은 분홍색이다.

식물명	모습	잎	꽃	열매	특징
나팔꽃	한해살이 덩굴풀	심장꼴 3갈래로 갈라진다.	새벽 3시에 피고 오후 3시에 진다. 나팔 모양 남보라색(다양함)	삭과 9~10월 잘 맺는다.	꽃받침이 오랫동안 남아 있다.
메꽃	여러해살이 덩굴풀	피침꼴 밑부분이 귓불 모양으로 뾰족하다.	아침에 피고 해가 지고 나면 진다. 옅은 분홍색이며 아래쪽이 좀 희다.	삭과 거의 맺지 않는다.	땅속 뿌리줄기는 희고 굵다.

망초 · 개망초

망초와 개망초는 원산지가 북아메리카인 귀화식물이다. 우리나라 어느 곳에서나 잘 자라며 생명력이 강하고 한 포기에 맺는 열매의 수가 매우 많다. 번식력도 대단하여 다른 식물이 생장하는 데 큰 피해를 주는 실정이다.

망초

Erigeron canadensis Linne

국화과 | 망국초, 잔꽃풀

원산지는 북아메리카이다. 조선 시대에 들여와 우리나라 전역의 산과 들에 널리 퍼져 있는 두해살이풀이다. 생명력이 강해서 길가나 빈터에 어느 식물보다 가장 먼저 자리를 잡고 퍼져 나간다. 번식력이 매우 강하여 나라를 망하게 하는 풀이라는 뜻에서 '망초' 또는 '망국초' 라고 부른다. 한 포기에 작은 꽃이 매우 많이 피므로 '잔꽃풀' 이라고도 한다.

사는 곳　원산지는 북아메리카이다. 우리나라 전역에서 자란다.

모습　두해살이풀
　　　　높이는 50~150cm이다. 온몸에 굵은 털이 있고 곧게 자라며 위쪽에서 가지가 많이 갈라진다.

쓰임새　뿌리는 나물로 먹으며 풀 전체를 눈이나 귀 아픈 데 약으로 쓴다.

줄기
곧게 서며 굵은 털이 있다.

열매
수과. 9〜10월에 익는다. 누르스름한
갓털이 달린다.

꽃
두상꽃차례가 여러 개 모인 원추꽃차례. 7〜9월에 핀다. 두상꽃차례는 대롱꽃과
혀꽃으로 되어 있으며, 혀꽃은 희고 대롱꽃보다 높이 자란다. 혀꽃은 활짝 피어도
조금만 벌어지므로 꽃봉오리처럼 보인다.

잎
어린잎은 뿌리에서 모여 나고
가장자리에 톱니가 있으며 주걱 같은
피침꼴이다. 자란잎은 줄기에서
어긋나고 피침꼴로 가장자리에
톱니가 있거나 없다.

망초에 얽힌 이야기

우리나라에는 철도공사를 할 때 철도의 침목에 묻어서 들어온
것으로 추정되는데, 그 직후에 일제의 강점이 시작되었다. 그
당시 이상한 풀이 논과 밭에서 보이기 시작하였고, 엄청난 번식
력으로 제거하기도 쉽지 않자 일본이 나라를 망치게 하려고 그
풀을 퍼트리고 있다는 소문이 돌았다. 그래서 사람들은 그 풀의
이름을 나라를 망하게 하는 풀이라고 해서 '망국초' 라고 불렀
고 그것이 변형되어 '망초' 가 되었다고 한다.

개망초   *Erigeron annuus* pers.
국화과 | 왜풀, 넓은잎잔꽃풀, 개망풍, 계란꽃

원산지는 북아메리카이다. 조선 시대에 들여와 현재 우리나라 전역의 산과 들에 널리 퍼져 있는 두해살이풀이다. 개망초는 꽃 모양이 달걀을 닮았다고 해서 '계란꽃'이라고도 한다. 열매를 맺으면 조그만 갓털이 붙어 있어 바람에 날리어 번식한다. 개망초 한 그루에 맺는 열매의 개수가 어마어마하여 번식력도 엄청난 풀꽃이다.

사는 곳   원산지는 북아메리카이다. 우리나라 전역에서 자란다.

모습   두해살이풀
높이는 30~100cm이다. 온몸에 굵은 털이 있고 곧게 자라며 위쪽에서 가지가 많이 갈라진다.

쓰임새   어린잎은 나물로 먹거나 퇴비로 쓴다. 풀 전체를 감기, 설사, 위염 등의 약으로 쓴다.

줄기
곧게 서며 굵은 털이 있다.

열매
수과. 8~9월에 익는다. 조그마한
갓털이 달린다.

꽃
산방꽃차례. 6~7월에 지름 2cm인 흰 꽃이 핀다. 가끔 분홍색을 띠기도 한다.
혀꽃은 2~3줄로 늘어서며 길이는 총포의 길이보다 약간 길거나 같다.

잎
어린잎은 뿌리에서 모여 나고
꽃이 필 때 시들며 잎자루가 길고
둥근 주걱꼴이다. 자란잎은 줄기에서
어긋나고 피침꼴로 양면에 털이 있고
잎자루에는 턱잎이 있다.

개망초에 얽힌 이야기

개망초는 망초에 비해 꽃이 더 크고 흰색을 띠므로 예쁜 편이
다. 그런데 앞에 '개'라는 접두사가 붙었을 때는 대개 '무엇보
다 못한'이란 의미를 지닌다. 왜 더 예쁜 개망초에 '개'자를 붙
였을까? 그것은 나라를 망하게 한 꽃이 예쁘면 얼마나 예쁘겠
냐는 우리 선조의 분노에서 그렇게 되었다고 하니, 일제 강점기
때 겪었던 선조들의 뼈아픈 아픔을 느낄 수 있다.

망초, 개망초

잎이나 줄기의 모습은 비슷하나 꽃의 모양이 매우 다르다. 망초는 두상꽃차례가 여러 개 모인
원추꽃차례로 꽃이 활짝 피지 않으므로 꽃봉오리처럼 보이나 개망초는 산방꽃차례로 대롱꽃
은 노란색을 띠고 혀꽃은 흰색을 띠며 아름답다.

식물명	높이	잎	꽃	열매
망초	50~150cm	어린잎 : 뿌리에서 모여나기, 가늘고 긴 피침꼴 자란잎 : 긴 피침꼴, 톱니가 있거나 없다. 	원추꽃차례, 7~9월 혀꽃은 활짝 피어도 조금만 벌어지므로 두상꽃차례가 꽃봉오리처럼 보인다. 	수과 9~10월
개망초	30~100cm	어린잎 : 꽃이 피면 시들고 잎자루가 긴 둥근 주걱꼴 자란잎 : 피침꼴, 가장자리와 중심맥에 털이 있다. 	산방꽃차례, 6~7월 흰색의 혀꽃이 2~3줄로 늘어서 있다. 	수과 8~9월

민들레 · 서양민들레

민들레와 서양민들레는 국화과이다. 민들레는 우리나라 토종인 여러해살이풀이며, 서양민들레는 원산지가 유럽인 여러해살이풀이다. 현재 서양민들레는 우리나라 전역에서 토종 민들레의 자리를 빼앗아 가고 있다.

민들레 *Taraxacum mongolicum* H. Mazz.
국화과 | 들레, 앉음뱅이

우리나라 전역의 들에서 흔히 나는 여러해살이풀이다. 키가 작고 잎이나 꽃줄기를 자르면 흰 즙이 나온다. 꽃의 총포조각이 뒤로 젖혀지지 않고 꽃차례 밑에 곧게 서서 붙어 있다. 영어로는 '댄덜라이언(dandelion)'이라고 하는데, 이른 봄에 지난해 뿌리에서 나온 잎의 가장자리가 깊이 갈라진 모양이 사자의 이빨을 닮아서 붙여진 이름이다.

사는 곳　우리나라 전역에서 흔히 자란다.

모습　　여러해살이풀
　　　　　원줄기가 없고 뿌리에 붙은 잎은 모여 나며 옆으로 퍼진다.

쓰임새　풀 전체를 나물로 먹거나 약으로 쓴다.

열매
수과. 7~8월에 갈색으로 익는다.
길이 0.3~0.35cm로 긴 타원꼴이다.
갓털은 흰색이며 수과 끝에 우산꼴로
길게 퍼진다.

꽃
노란 혀꽃으로만 된 두상꽃차례. 4~5월에 핀다.
꽃차례는 꽃자루 끝에 1송이씩 달리며,
꽃의 총포조각은 꽃차례 밑에 곧게 선다.

총포조각

흰민들레

좀(한라)민들레

잎
모여나기. 뿌리에서 사방으로 퍼진다.
길이는 20~30cm로 선꼴이다.
가장자리가 깊게 갈라진다. 갈라진
조각은 세모꼴이며 6~8쌍이다.

낱꽃이 모인 민들레

민들레는 작은 꽃이 여러 개가 모여 한 송이의 꽃을 이룬다. 우리가 주변에서 흔히 볼 수 있는 민들레꽃은 그 전체가 하나의 꽃이 아니라 200여 개의 낱꽃이 모여 이루어진 것이다. 낱꽃은 꽃잎, 꽃받침, 암술, 수술 등을 모두 가지고 있는 갖춘꽃이다. 민들레의 뿌리는 하나로 된 굵고 곧은 부분인 원뿌리와 수염 같은 곁뿌리로 되어 있으며 땅속 1m까지 깊이 뿌리를 내려서 추운 겨울에도 시들거나 말라죽지 않고 냉해를 피할 수 있다. 민들레꽃은 아침 해가 뜨면 피기 시작하여 낮 동안 계속 피어 있다가 저녁이 되어 어두워지면 오므라드는 감광성 현상이 있다.

서양민들레 *Taraxacum officinale* Weber

국화과 | 미국민들레

원산지가 유럽인 여러해살이풀이다. 요즘은 우리나라 전역의 들에서 저절로 자라는 토종 민들레보다 더 흔하게 볼 수 있을 정도로 많이 퍼졌다.

사는 곳　원산지는 유럽이다. 우리나라 전역에서 자란다.

모습　　여러해살이풀
　　　　원줄기가 없고 뿌리에 붙은 잎은 모여 나며 옆으로 퍼진다.

쓰임새　유럽에서는 잎을 샐러드로 먹고, 뉴질랜드에서는 뿌리를 커피 대신 사용한다.

열매
수과. 5~10월에 갈색으로 익는다.
길이 0.2~0.4cm로 긴 타원꼴이다.
갓털은 흰색이며 수과 끝에 우산꼴로
길게 퍼진다.

열매를 맺고 씨앗을 퍼뜨리는 과정

꽃
노란 혀꽃으로만 된 두상꽃차례. 3~9월에 핀다.
꽃차례는 꽃자루 끝에 1송이씩 달리며,
꽃의 총포조각은 꽃차례 밑에 뒤로 젖혀진 채
밑으로 처져서 붙어 있다.

총포조각

잎
모여나기. 뿌리에서 사방으로 퍼진다.
길이는 20~30cm로 선꼴이다.
가장자리가 깊게 갈라진다. 갈라진
조각은 세모꼴이며 6~8쌍이다.

서양민들레에 얽힌 전설

옛날에 무슨 일을 하든지 평생에 단 한 번만 명령을 내릴 수 있
는 운명을 타고 난 임금이 있었다. 임금은 자기의 운명을 그렇
게 만들어 준 별에게 항상 불만이 있었다. 어느 날 임금은 자기
의 운명을 그렇게 결정한 별을 향해 처음이자 마지막으로 명령
을 내렸다. "별아 ! 내 운명의 별아 ! 모두 하늘에서 떨어져 이
땅 위에 꽃이 되어 피어나라. 나는 너를 기꺼이 밟아 주리라."
그러자 하늘의 모든 별은 임금의 명령대로 땅에 떨어져 노란색
의 작은 꽃이 되었다. 그러자 임금은 갑자기 양치기로 변하게
되었다. 그래서 민들레 위로 양 떼들을 몰고 다니게 되었다는
이야기가 전한다.

민들레, 서양민들레

민들레는 키가 작고 봄에 꽃이 피며 총포조각이 꽃차례 밑에 곧게 서서 붙는다. 반면 서양민들레는 키가 크고 봄부터 가을까지 꽃이 피며 총포조각이 뒤로 젖혀진 채 밑으로 처져서 붙는다.

식물명	뿌리	꽃	열매	특징
민들레	긴 뿌리 땅속 깊이 내린다. 	두상꽃차례 4~5월 	수과 7~8월 	총포조각이 꽃차례에 붙는다.
서양민들레	뿌리가 땅속 깊이 내리지 않는다. 	두상꽃차례 3~9월 	수과 5~10월 	총포조각이 뒤로 젖혀진다.

부록

소나무의 나이는 어떻게 알까

우리 주위에는 많은 종류의 나무가 자라고 있는데, 나무의 종류나 살아가는 환경에 따라 수명이 다르다. 대개 버드나무나 오리나무처럼 빨리 자라는 나무들은 비교적 수명이 짧으며, 소나무나 주목처럼 천천히 자라는 나무들은 수명이 길다.

그러면 나무의 나이는 어떻게 알 수 있을까? 일반적으로 나무의 나이는 대부분 나이테를 보면 쉽게 알 수 있지만 소나무의 나이는 외관상으로도 쉽게 알 수 있다.

소나무는 종류에 따라 봄에 자라는 새순이 한 개의 마디로 된 것, 즉 단일절(單一節 ; uninodal)로 된 소나무류는 소나무와 곰솔인데 마디의 수가 1년에 한 마디씩 자라기 때문에 나무의 마디를 보면 그 나이를 알 수 있다. 그러나 봄에 자라는 새순이 여러 개의 마디로 되는 다수절(多數節 ; multinodal)인 소나무류 리기다소나무와 방크스소나무 등은 마디가 1년에 여러 개 생기므로 마디로만 나무의 나이를 알 수 없다. 단일절인 소나무류는 솔방울이 그해 자란 새순의 끝에 붙고 다수절인 소나무류는 그해 자란 가지의 중간쯤에 붙는다.

아래의 예는 5년생인 소나무의 나이를 알아보는 방법이다.

원줄기의 맨 밑의 마디부터 맨 위에 있는 마디의 수를 세어 보면 마디가 5개이므로 5년생인 것을 바로 알 수 있다. 만약에 원줄기가 중간에 없더라도 그림과 같이 밑에서 원줄기 가지를 세다가 원줄기가 없어진 부분의 아래에 있는 옆줄기의 수를 이어 세어도 마디의 수는 5개이므로 5년생인 것을 알 수가 있다.

나무의 나이를 측정할 수 있는 방법으로는 나무를 심은 기록에 의한 방법, 나무를 직접 베거나 생장추 등의 기구를 활용하여 나이테를 확인하는 방법 등이 있으나, 나무의 나이가 아주 오래되면 심재의 나이테가 불명확하거나 줄기의 아래쪽 마디의 확인이 어려워지므로 정확한 나이를 추정하기는 매우 어렵다. 아주 오래된 나무의 나이는 탄소동위원소를 이용하여 추정하기도 한다.

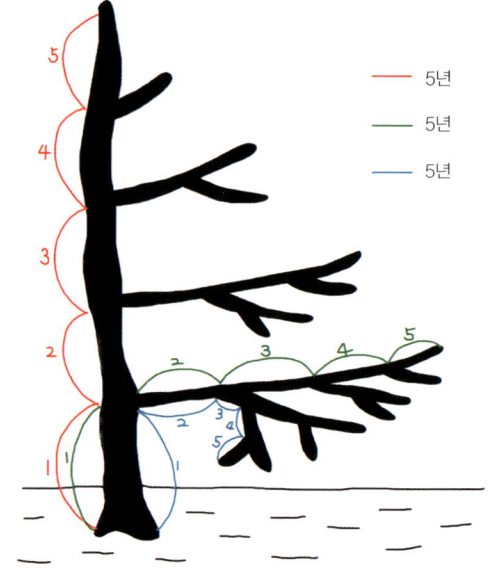

——	5년
——	5년
——	5년

재미있는 나무 이름

나무의 모양에 따라

- 가지가 돌려나고 거의 직각으로 퍼져 층층을 이룬다는 **층층나무**
- 가지가 정확하게 3개씩 갈라지는 **삼지(三枝)닥나무**
- 멍석을 깔아 놓은 것처럼 땅에 바짝 붙어 자라는 **멍석딸기**
- 덩굴이 줄줄이 이어 자라는 **줄딸기**
- 껍질도 속도 하얗고 길게 늘어져서 국수를 연상케 하는 **국수나무**
- 가지가 꼬불꼬불해 용트림을 하는 **용(龍)버들**
- 가지가 길게 늘어지는 버들이란 뜻의 **수양(垂楊)버들**
- 미국에서 들여온 버들 혹은 아름다운 버들이란 의미로 **미류(美柳)나무**
- 빗자루를 만들고 약으로 쓰이는 풀의 비수리보다 작고 땅에 붙어 자란다는 **땅비싸리**
- 싸리가 아니지만 광대처럼 싸리 흉내를 낸 **광대싸리**
- 모양이 웅장하고 크다는 뜻으로 왕(王)이라는 접두어가 붙은 **왕버들, 왕머루, 왕자귀나무, 왕팽나무**
- 나무가 누워 있다는 뜻으로 **눈잣나무, 눈향나무, 눈갯버들, 눈측백**

나무의 특성에 따라

- 잎, 꽃, 열매, 나무껍질이 은빛과 관련이 있으면 **은사시나무, 은백양, 은방울꽃, 은단풍, 은목서**
- '개'라는 말이 들어간 나무는 '참것이 아닌', '변변하지 못한'이라는 의미로 **개다래나무, 개망초, 개오동나무, 개비자나무, 개잎갈나무, 개복사나무**
- '참'자는 '진짜라는 의미를 지닌 원래의 것'이라는 뜻으로 다른 식물과 구분하기 위해 부르는 **참가시나무, 참개암나무, 참꽃나무, 참나무, 참박달나무, 참싸리, 참식나무, 참죽나무, 참오동나무**

나무의 쓰임새에 따라

- 대패의 기구를 만드는 데 쓰는 **대팻집나무**
- 참빗의 살을 만드는 **참빗살나무**
- 고기잡이 도구로 작살에 쓰인 **작살나무**
- 윷을 만들기에 적합한 **윤노리나무**
- 키나 고리괘짝을 만드는 데 쓰는 **키버들, 고리버들**
- 조리를 만드는 데 쓰는 **조릿대**
- 껍질을 벗겨 삿자리 등으로 이용한 **피**(皮)**나무**
- 사위가 짐을 질 때 힘을 덜 수 있도록 이 식물의 연약한 줄기로 질빵을 만들어 주었다는
  사위질빵
- 5리마다 이 나무를 심어 이정표로 삼았던 **오리나무**
- 10리마다 이 나무를 심어 이정표로 삼았던 **시무나무**
- 옻칠에 쓰인 **옻나무**
- 황금빛을 낼 수 있는 황칠에 쓰인 **황칠나무**
- 잎이 크고 떡을 오래 보관할 수 있어 떡을 쌌던 **떡갈나무**
- 집안에 이 나무를 심으면 환자가 생기지 않는다는 **무환자**(無患者)**나무**
- 가지가 낭창낭창해 말채찍으로 쓰였다는 **말채나무**

나무껍질에 따라

- 흰빛에 가까운 얼룩얼룩한 나무껍질을 가진 **백송**(白松)
- 검은색 나무껍질을 가진 나무는 **흑피목 → 검은 피나무 → 가문비나무**
- 회갈색 나무껍질을 가진 **분피**(粉皮)**나무 → 분비나무**
- 검은 소나무라는 뜻으로 **흑송**(黑松) **→ 검솔 → 곰솔**
- 붉은 소나무라는 뜻으로 **적송**(赤松)
- 붉은 나무껍질로 대표되는 **주목**(朱木)
- 나무껍질 안쪽이 짙은 황색을 나타내는 **황벽**(黃蘗)**나무**
- 잎 뒷면과 나무껍질이 희어서 은빛 백양나무라는 뜻의 **은백양**(銀白楊)
- 사슴뿔처럼 보드랍고 황금빛을 가진 아름다운 나무껍질이라는 뜻의

녹각(鹿角)나무 → 노각나무

- 나무껍질이 푸른색이라서 붙여진 **벽오동**(북한에서는 청오동)
- 피부병의 일종인 버짐이 핀 것 같은 나무껍질이라 하여 **버즘나무**
- 줄기에 화살 날개 모양의 코르크질 날개가 달리는 **화살나무**
- 코르크가 굵은 혹처럼 발달한 **혹느릅나무**
- 두꺼운 나무껍질 때문에 세로로 깊은 골이 파이는 **골참나무→굴참나무**

잎의 특징에 따라

- 박쥐가 날개를 폈을 때의 모양과 같다 하여 **박쥐나무**
- 잎이 갈라지는 모양이 손가락 8개 달린 손바닥 같은 **팔손이**
- 잎이 7개로 갈라지는 **칠엽수**
- 잎이 5개로 갈라지고 껍질을 약재로 쓰는 **오가피**(五加皮) → **오갈피나무**
- 가위로 잘라놓은 것처럼 잎이 깊게 파인 **가새뽕나무**
- 고춧잎을 닮은 **고추나무**
- 작은 깻잎 모양을 한 **좀깨잎나무**
- 사방오리보다 잎이 작고 잎맥의 수가 많은 **좀사방오리**
- 잎의 가장자리가 우묵하게 들어갔다 해서 **우묵사스레피나무**
- 바늘잎이 좌우로 줄처럼 달린 모양이 한자의 아닐 비(非)자를 닮았다고 하여 **비자**(榧子)**나무**
- 소나무류 중에서 유일하게 잎이 떨어지는 **낙엽송**(落葉松)
- 잎과 함께 작은 가지의 일부가 깃처럼 떨어지는 **낙우송**(落羽松)
- 단풍이 특히 붉게 든다 하여 **붉나무**
- 밤에는 잎이 서로 붙어 잠을 잘 자므로 잠자는 데 귀신이라 하여 **자귀나무**
- 잎 뒷면이 은빛인 단풍나무라서 **은단풍**(銀丹楓)
- 참나무류 중에서 잎과 열매가 가장 작다고 하여 **졸참나무**
- 잎과 꽃이 다른 목련과 나무보다 훨씬 크다 하여 **태산목**(泰山木)
- 사철 내내 푸르다고 하여 **사철나무**
- 잎자루가 길어서 약한 바람에서도 벌벌 떤다는 **사시나무**
- 덩굴의 뻗음이 튼튼해 미역 고갱이처럼 생겼다 하여 **미역줄나무**

- 싹이 나오는 모양이 말의 이빨처럼 튼튼하게 생겼다 하여 **마아목**(馬牙木) → **마가목**
- 순이 나오는 모양이 붓처럼 생긴 **붓순나무**
- 겨울눈 모양이 호랑이눈을 닮았다고 하여 **호랑버들**
- 겨울눈 모양이 삐죽해서 **빗죽이나무**

꽃의 특징에 따라

- 꽃이 만개할 때는 흰 꽃이 흐드러지게 피어 마치 쌀밥을 고봉으로 담아 놓은 것 같은 모양이라고 **이밥나무** → **이팝나무**
- 잔잔한 흰 꽃이 조밥을 연상시키는 **조밥나무** → **조팝나무**
- 새하얀 꽃이 핀 모양을 밤에 보면 빛을 발하는 것 같다는 **야광**(夜光)**나무**
- 밤을 훤히 밝힐 정도로 꽃이 환하다는 뜻의 **능소화**(凌霄化)
- 튤립꽃과 비슷한 꽃이 나무에 달린다고 하여 **튤립나무**
- 비단으로 수를 놓은 것 같은 둥근 꽃이 달린다는 뜻의 **수구화**(繡毬化) → **수국**
- 수수꽃을 닮은 꽃이 핀다 하여 **수수꽃다리**
- 참꽃나무와 비슷한 꽃이 달리나 늘푸른나무로 겨울을 나므로 **참꽃나무겨우살이**
- 연꽃 모양의 꽃이 피는 나무라는 뜻으로 **목련**(木蓮)
- 함박꽃 모양의 꽃이 피는 **함박꽃나무**
- 겨울에도 꽃이 피는 겨울나무라는 뜻의 **동백**(冬柏)**나무**
- 나무 모양은 버드나무와 비슷하고 복사나무를 닮은 꽃이 핀다 하여 **유도화**(柳桃花)
- 잎은 대나무 잎과 비슷하고 꽃은 복사나무를 닮은 꽃이 핀다 하여 **협죽도**(夾竹桃)
- 꽃 모양이 병과 같이 생겼다고 하여 **병꽃나무**
- 하얀 꽃이 스님의 머리와 같다 하여 **불두화**(佛頭花)
- 여름 내내 계속해서 꽃이 핀다 하여 **무궁화**(無窮花)
- 꽃이 없는 과일이라는 뜻인데, 꽃이 필 때 꽃받침과 꽃자루가 긴 타원형 주머니처럼 비대해지면서 수많은 작은 꽃이 주머니 속으로 들어가 버려 꽃을 잘 볼 수 없다 하여 **무화과**(無花果)

열매의 특징에 따라

- 열매는 살구 모양인데 은빛을 띤다는 뜻으로 **은행**(銀杏)**나무**

- 참외 모양의 열매가 나무에 달린다고 하여 목과(木瓜)나무가 변한 **모과나무**

- 주엽 열매가 달리는 **주엽나무**

- 맛이 좋아 하늘의 신선들이 먹는 과일이라는 **천선과**(天仙果)**나무**

- 먹기만 하면 요강이 뒤집어질 정도로 정력이 좋아진다는 **복분자**(覆盆子) **딸기**

- 까마귀가 베기에 적당한 작은 베개 모양을 한 **까마귀베개**

- 열매가 전통악기인 장구 모양을 한다 하여 **장구밥나무**

- 4개로 갈라진 열매의 끝이 선풍기 날개처럼 휜 **나래회나무**

- 열매가 모여 족제비 꼬리 모양을 한 **족제비싸리**

- 산 속의 큰 나무에 딸기 모양의 열매가 달리는 **산딸나무**

- 열매가 둥글고 반질반질해 스님의 머리를 닮았다고 **중대가리나무**

- 열매가 쥐똥 같다 하여 **쥐똥나무**(북한에서는 검정알나무)

- 모든 병에 효력이 있는 만병통치약이란 뜻으로 **만병초**(萬病草)

- 단단하고 새까만 열매가 달려 염주를 만들 수 있는 **염주**(念珠)**나무**

- 열매에서 머릿기름을 짜내는 동백나무에 비해 열매가 작다는 뜻으로 **쪽동백나무**

- 기름을 짜는 열매가 달리며 오동나무와 비슷하다는 **유동**(油桐)

- 열매가 작은 아기배와 같아서 **아기배나무 → 아그배나무**

- 열매가 말발굽 모양을 한다는 **말발도리**

- 동그란 핵과가 구슬 모양인데 익으면 과육이 푸석푸석해 멀건 구슬나무라는 뜻의 **멀구슬나무**

가시의 특징에 따라

- 가시가 날카로운 갈고리처럼 휘어 있어 실이 잘 걸리는 나무라는 뜻인 **실거리나무**

- 가시 모양이 엄하게 생겼다 하여 **엄나무**(嚴木)

- 가시가 굵고 튼튼해 호랑이 발톱 같다 하여 **호자**(虎刺)**나무**

- 턱잎이 변해 매발톱 같은 날카로운 가시가 세 개씩 달린 **매발톱나무**

- 잎의 가장자리가 단단한 침으로 변해 호랑이가 등이 가려울 때 등긁개로 쓴다는

호랑가시나무
- 가시에 잘 찔린다 하여 **찔레나무**
- 가시가 용의 발톱 같다 하여 **용가시나무**
- 줄기에 큰 가시가 발달하는 **조각자나무**

냄새와 맛의 특징에 따라

- 잎이나 가지를 꺾으면 생강냄새가 나는 **생강나무**
- 잎에서 역한 누린내가 나는 **누리장나무**
- 지독하게 쓴맛이 나서 소태맛인 **소태나무**
- 나무에서 향기가 나는 **향나무**
- 익는 열매에서 신맛, 단맛, 쓴맛, 짠맛, 매운맛의 5가지 맛이 섞여 있다는 뜻인
  오미자(五味子)
- 열매의 맛이 달다는 뜻의 **다래**
- 꽃향기를 약제로 쓰는 **정향**(丁香)**나무**
- 향기가 천리까지 간다는 **천리향**
- 향기가 백리까지 간다는 **백리향**
- 열매가 겨우내 끈적끈적하고 달콤한 액체를 분비하므로 각종 곤충과 파리 떼가 날아와
  지저분하기 때문에 **똥나무 → 돈나무**
- 잔가지나 잎을 물속에 넣어 비비면 푸른 물이 된다는 **물푸레나무**

생태의 특징에 따라

- 낙엽이 진 기주(寄住)나무에서 겨울을 상록으로 나므로 **겨우살이**(겨우겨우 살아간다는 뜻)
- 반상록으로 겨울도 참고 잘 견딘다는 뜻의 **인동**(忍冬)**덩굴**
- 주로 개울가에서 자라기 때문에 **갯버들**
- 호흡근이 있어 담장을 잘 타므로 담장의 덩굴이란 뜻의 **담쟁이덩굴**
- 바위가 많은 지역에 자라는 **바위말발도리**
- 바닷가에 자라는 소나무라서 **해송**(海松)
- 태우고 나면 황색의 재가 남는다는 **노린재나무**

- 태우고 나면 검은색의 재가 남는다는 **검은재나무**
- 나무의 색이 붉은 가시나무라서 **붉가시나무**
- 습기가 많은 곳에서 잘 자란다 하여 **물박달나무, 물황철나무, 물오리나무, 물참나무, 물갬나무**
- 깊은 산에 자란다는 **산딸기나무, 산벚나무, 산뽕나무, 산앵도, 산조팝나무, 산팽나무, 묏대추, 두메오리나무**
- 열매를 딱총의 총알로 사용할 때 날아가는 소리가 '팽' 한다 하여 **팽나무**
- 잎이 두꺼워 불에 던져 넣으면 '꽝꽝' 소리가 나며 타는 **꽝꽝나무**
- 나무껍질을 태울 때 '자작자작' 하는 소리가 난다 하여 **자작나무**
- 부러뜨릴 때 '딱' 소리가 나는 **닥나무**
- 부러뜨릴 때 '댕강' 소리가 나는 **댕강나무**

한자로 만들어진 이름

- 오랑캐나라에서 들여온 복숭아처럼 생긴 열매라는 **호도(胡桃)나무**
- 뼈를 책임진다는 뜻이 있으며 한약재로 쓰이는 **골담초(骨擔草)**
- 가서목(哥舒木)에서 **가서나무→ 가시나무**
- 노가자목(老柯子木)에서 변한 **노간주나무**
- 대조목(大棗木)에서 **대조나무→ 대추나무**
- 구룡목(九龍木)에서 변한 **귀룽나무**
- 서목(西木)에서 변한 **서어나무**
- 소서목(小西木)에서 변한 **소사나무**
- 수액을 채취해 마시면 뼈에 좋다는 뜻의 골리수(骨利樹)에서 변한 **고로쇠나무**
- 개 뼈다귀나무라는 뜻의 **구골(狗骨)나무**
- 겨울에 반상록으로 지나나 대체로 살아서 겨울을 난다는 생동목(生冬木)에서 **생동나무 → 상동나무**
- 목단(木丹)이 변한 **모란**
- 가짜 중이란 뜻으로 **가중(假僧)나무**
- 진짜 중이란 뜻으로 **참중(眞僧)나무**

재미있는 풀 이름

양지바른 곳에 피어 **양지꽃**

고마운 풀 **고마리**

꽃대가 말렸다고 **꽃마리**

꿀꿀꿀 **돼지풀**

잎이 쭈글쭈글 **주름잎**

등골이 오싹 **서양등골나무**

봄을 맞이하는 **봄맞이꽃**

소의 무릎을 닮은 **쇠무릎**

참 질기다 하여 **질경이**

며느리 밑을 닦으라고 준 **며느리밑씻개**

뱀 사는 곳에 산다고 **뱀딸기**

애기 똥을 누어서 **애기똥풀**

개구리가 먹는 밥 **개구리밥**

망할 놈의 풀 **망초**

조그만 개구리밥 **좀개구리밥**

나팔꽃과 비슷한 **메꽃**

부레 달린 **부레옥잠**

돌처럼 생긴 콩 **돌콩**

물속에 뿌리내린 **물옥잠**

토끼풀을 닮은 **괭이밥**

잎이 부들부들한 **부들**

우유처럼 하얀 즙 **박주가리**

잎이 작은 부들 **애기부들**

물에 사는 달개비 **물달개비**

강아지처럼 쫄래쫄래 **강아지풀**

닭장 옆에 사는 **닭의장풀**

잊지 말자 우리의 약속 **매듭풀**

개구리가 사는 자리에 사는 **개구리자리**

숲 체험활동은 이렇게

1. 숲 체험의 목표

숲에서 보고 느끼고 관찰하는 사이에
자연의 조화와 질서를 배우게 되어,
스스로 환경문제를 해결하고 실천할 수 있는
심성을 갖게 한다.

2. 숲 체험의 준비

1) 복장

계절에 맞는 간편한 옷이 좋은데, 짧은 옷은 벌레에
물리거나 강한 햇빛에 화상을 입을 수도
있으므로 긴 옷이 좋다.

긴팔 윗도리, 긴 바지, 등산화, 모자, 머플러,
손수건, 배낭, 장갑, 물통 및 컵, 등산용 칼, 지도,
나침반, 끈 등

2) 기록할 준비물

체험활동을 하면서 보고, 듣고, 느낀 것을 글이나
그림으로 남기는 것이 중요하다. 색연필은 식물을
관찰하여 그릴 때 색을 표시할 수 있어 매우 좋다.
체험일지에 관찰한 장소, 날씨, 식물의 이름,
식물의 크기, 자세한 생김새, 향기, 특징을
기록한다. 체험일지를 쓸 때 클립보드를 받치고
기록하면 편하다.

체험일지, 연필, 볼펜, 색연필, 지우개, 녹음용 카세트,
클립보드

3) 관찰 및 촬영할 준비물

세밀한 관찰을 위하여 준비한다. 돋보기의 배율은
5~8배가 적당한데, 작은 식물의 암술이나 수술을
관찰하려면 20배율의 돋보기가 필요하다. 자세히
관찰한 것을 기록해 두사 사진기로 찍어 두면 더욱
좋다. 줄자는 식물의 크기를 재는 데 사용한다.

사진기, 망원경, 돋보기, 확대경, 전등, 줄자

4) 참고 자료

체험활동하면서 현장에서 잘 모르는 것을 정확히
알기 위해서 참고 자료를 갖고 가도록 한다.

동식물도감, 버섯도감, 곤충도감

5) 채집에 필요한 준비물

도감에도 없거나 잘 모르는 식물은 채집을 해두어
나중에 찾아보도록 한다. 바인드는 식물을 채집하여
넣어 두면 식물의 모양을 변하지 않게 하므로 좋다.

신문지, 종이, 비닐봉지, 꽃삽, 테이프, 전정가위, 바인드

6) 구급약품

예상하지 못한 사태에 대비하여 구급약품을 준비한다.

반창고, 머큐럼, 붕대, 해열제, 삼각건, 벌레물린 데 바르는 약 등

3. 숲 체험활동의 진행

• 숲 체험에 앞서 체험할 지역과 장소를 미리
  확인하여 여러 가지 정보를 기록한다.
• 체험일지에다 장소, 날짜, 기후, 고도, 관찰시간,
  동행한 사람, 체험 목적, 교통편 등을 기록한다.
• 숲 해설가가 있을 경우에는 해설가의 이야기를
  잘 들으면서 주변에 있는 나무, 풀, 꽃, 동물, 곤충,
  버섯 등을 관찰한다. 이름을 잘 모를 때에는
  도감에서 찾아보거나 전문가에게 물어본다.
• 전체 인원이 함께 참여해도 좋으나 인원이 많고
  장소가 넓을 때에는 효율적인 체험을 위하여
  8~10명씩 1조로 구성하여도 좋다.

4. 숲 체험활동 요령

1단계 : 눈, 귀, 코, 잎, 피부 등 우리의 오감을 통하여
        숲을 이해하고 느껴 보는 마음으로 체험한다.
    시각 : 식물의 모양(꽃, 잎, 눈, 가지, 줄기, 전체 모양, 빛깔 등)
    후각 : 꽃향기, 나뭇잎 향기, 낙엽 냄새 등
    미각 : 봄나물, 도라지, 더덕, 머루, 다래 등

    청각 : 새소리, 바람소리, 물 흐르는 소리, 매미소리,
           개구리 울음소리, 먹이 먹는 소리 등
    촉각 : 가지와 껍질을 만져 보기, 딱딱함,
           거친 것과 부드러움, 말랑말랑함, 보송보송함,
           끈적끈적함 등

2단계 : 감각기관을 통하여 관찰한 사실을
        관찰자 자신이 직접 기록한다.

3단계 : 관찰을 실시하는 과정에서 서로 비교하여
        의문과 해답을 스스로 찾아낼 수 있도록 한다.

4단계 : 관찰하고 조사한 사실들을 정리하여 발표한다.

5단계 : 관찰결과의 모든 성과는 참여한 모든 사람이
        함께 하였다는 공동체 의식을 갖게 하여
        자연은 '나'의 것이 아닌 '우리'의 것이라는
        사실을 깨닫게 한다.

5. 숲 체험결과 토론 및 발표

• 체험이 끝나면 약속된 장소에 집결한다.
• 조별로 5분간 체험 자료를 정리 및 토론하여
  발표자를 정한다.
• 발표자는 주어진 시간(3분) 이내에 체험한 내용을
  발표한다.
• 발표가 끝난 뒤 의문사항을 질문하고 답변하는
  토론시간을 갖는다.

식물 용어 풀이

ㄱ

갖춘꽃(완전화) 꽃받침, 꽃잎, 수술, 암술의 네 가지 기관을 모두 갖춘 꽃.

격막 어떤 구조의 내부를 가르는 막 또는 나누는 막.

견과 각과보다 더 단단한 열매껍질과 깍정이에 싸여 있는 열매.
다 익어도 갈라지지 않는다.

겹잎(복엽) 여러 장의 작은잎이 모여 하나의 잎을 이루는 것.

골돌과 단단한 열매껍질이 봉합선 1줄을 따라 벌어지는 열매. 씨방 1개에
씨앗이 1개 또는 여러 개 들어 있다.

구과 비늘조각들이 단단하게 붙어 있다가 익으면서 점점 벌어져 열린다.
비늘조각 안쪽에는 씨앗이 붙어 있다.

기공조선 기공들이 모여 선을 이루는 것. 주로 잎의 뒷면에 많고
흰색이나 옅은 초록색이다.

긴 타원꼴(장타원형) 길이가 너비보다 2배 이상 길고, 양쪽 가장자리가 나란히 달린 것.

깃꼴겹잎(우상복엽) 작은잎 여러 장이 깃털처럼 줄지어 붙은 잎.

깍정이(각두) 주로 참나무 열매의 겉을 싸는 주머니 모양의 기관.
많은 포가 발달되어 있다.

꽃받침(악편) 꽃의 가장 밖에서 싸면서 떠받치고 있는 조각. = 꽃받침잎

꽃차례(화서) 꽃이 달리는 모양.

ㄴ

내봉선 심피, 즉 속씨식물의 암꽃술로 변한 잎의 가장자리.

내화피 수술과 암술을 바깥에서 보호하는 기관인데, 종에 따라 1겹 또는
2겹이다. 2겹일 때 속의 것을 내화피, 바깥에 있는 것을 외화피라고 한다.

넓은잎 큰키나무(활엽교목) 높이가 10m 이상 자라며, 잎이 넓은 나무.

늘푸른 넓은잎 작은키나무(상록활엽관목)
높이가 5m 이하로 자라고 잎이 넓으며 사계절 내내 푸른 나무.

늘푸른 넓은잎 중간키나무(상록활엽소교목)
높이가 5~10m 정도 자라고 잎이 넓으며 사계절 내내 푸른 나무.

늘푸른 넓은잎 큰키나무(상록활엽교목)
높이가 10m 이상 자라고 잎이 넓으며 사계절 내내 푸른 나무.

늘푸른 바늘잎나무(상록침엽수)
　　사계절 내내 푸른 나무로서 잎이 바늘 모양으로 뾰족하게 생긴 나무.

ㄷ

단성화　암술과 수술 중 하나만 있는 꽃.

달걀꼴(난형)　달걀처럼 생긴 것.

대롱꽃(통상화)　국화과 식물의 두상꽃차례에서 중심부 화관이 가늘고 긴 대롱 모양인 꽃.

두상꽃차례(두상화서)　줄기 끝에서 나와 아주 짧아져 원반 모양이 된 꽃줄기에
　　꽃자루 없는 작은 꽃이 여러 송이 달린 꽃차례. 꽃줄기 끝에 꽃 1송이가
　　달린 것처럼 보인다.

두해살이풀(이년초)　2년째 꽃이 피고 열매를 맺는 식물.

둥근꼴(원형)　둥근 모양으로 생긴 것.

땅속줄기(지하경)　정상적인 생활 상태에 있어서 땅속에 있는 줄기.

ㅁ

마주나기(대생)　한 마디에 잎이 2장씩 마주 달리는 것.

모여나기(윤생)　한 마디에 잎이 3장 이상 달리는 것.

ㅂ

바늘잎(침엽)　바늘 모양의 잎.

방추꼴(방추형)　물레의 가락 비슷한 모양, 원주형의 양끝이 뾰족한 모양.

복총상꽃차례(복총상화서)　총상꽃차례가 이중으로 된 것.

뿌리줄기(근경)　수평으로 자라는 땅속줄기의 한 형태로 뿌리처럼 보인다.

ㅅ

삭과　속이 여러 칸으로 나뉘고 칸마다 씨앗이 많이 들어 있는 열매.

산방꽃차례(산방화서)　긴 꽃줄기에 꽃자루 있는 꽃이 여러 송이 달리는데,
　　꽃줄기 위로 갈수록 꽃자루가 짧아져서 평평한 꽃차례.

산형꽃차례(산형화서)　꽃줄기 끝에서 나온 많은 꽃자루가 우산살처럼 퍼지고 꽃자루마다
　　꽃이 1송이씩 달린 꽃차례.

선꼴(선형)　길이가 너비보다 몇 배 길고 양쪽 가장자리에 나란히 달리면서 좁은 것.

선모　끝이 원형의 선(腺)으로 된 털.

설상화　국화과 식물의 두상꽃차례에서 가장자리에 있는 혀 모양의 꽃.

세모꼴(삼각형)　세모 모양으로 생긴 것.

소견과 작은 열매로 두꺼운 껍질에 싸여 있다.

수과 얇은 종이처럼 반투명한 열매껍질이 마르면서 나무줄기처럼 딱딱해지거나
가죽처럼 질겨지고, 익어도 열리지 않는 열매.

수꽃차례 꽃대에 달린 수꽃의 배열 상태.

수상꽃차례(수상화서) 가늘고 긴 꽃줄기 1개에 꽃자루가 없는 작은 꽃들이 다닥다닥 붙어서
이삭 모양이 된 꽃차례.

심장꼴(심장형) 심장처럼 생긴 것.

씨방(자방) 암술대 밑부분에 있는 통통한 주머니 모양의 기관으로 속에 밑씨가 들어 있다.

ㅇ

암꽃차례 꽃대에 달린 암꽃의 배열 상태.

암수딴그루(이가화) 암꽃이 달리는 암그루와 수꽃이 달리는 수그루가 각각 다른 식물.

암수한그루(일가화) 암꽃과 수꽃이 한 그루에 달리는 것.

양성화 암술과 수술이 다 있는 것.

어긋나기(호생) 한 마디에 잎이 한 장씩 달려 있는 것.

여러해살이풀(다년초) 3년 이상 땅속줄기가 생존하는 풀로 겨울에는 지상부만 죽는다.

외화피 수술과 암술을 바깥에서 보호하는 기관인데, 종에 따라 1겹 또는
2겹이다. 2겹일 때 속의 것을 내화피, 바깥에 있는 것을 외화피라고 한다.

원기둥꼴(원주형) 원기둥 모양인 것.

원추꼴(원추형) 원추 모양으로 된 형태.

원추꽃차례(원추화서) 긴 꽃줄기가 원뿔꼴로 가지를 친 꽃차례.

원통꼴(원통형) 둥근 기둥처럼 생긴 것.

유이꽃차례 꽃대가 연하여 늘어지며, 꽃가루가 발달하지 않는 단성화로 구성된 꽃차례.

육수꽃차례(육수화서) 다육질인 꽃대 주위에 꽃자루가 없는 수많은 잔꽃이 빽빽이 달린 꽃차례.

잎겨드랑이(엽액) 줄기에서 잎이 나오는 겨드랑이 같은 부분으로 잎자루와 줄기 사이.

잎지는 넓은잎 큰키나무(낙엽활엽교목)
높이가 10m 이상 자라고 잎이 넓으며 낙엽이 지는 나무.

잎지는 넓은잎 작은키나무(낙엽활엽관목)
높이가 5m 이하로 자라고 잎이 넓으며 낙엽이 지는 나무.

잎지는 넓은잎 중간키나무(낙엽활엽소교목)
높이가 5~10m 정도 자라고 잎이 넓으며 낙엽이 지는 나무.

잎지는 작은키나무(낙엽관목) 높이가 5m 이하로 자라고 낙엽이 지는 나무.

잎혀(엽설) 벼과식물의 잎몸과 잎집 사이에 혀같이 나온 것.

잎집(엽초) 잎의 밑부분이 칼집 모양으로 되어 줄기를 싸고 있는 것.

ㅈ

장과 씨방이 크게 자라서 된 열매로, 조직이 무르고 과육에 살과 즙이 많다.
익어도 벌어지지 않고 속에 단단한 씨앗이 들어 있다.

짝수깃꼴겹잎(우수우상복엽) 복엽으로서 작은잎의 수가 짝수이며 깃털처럼 줄지어 붙은 잎.

ㅊ

창꼴(창형) 뾰족하고 날카로운 창 모양의 형태.

총상꽃차례(총상화서) 꽃자루 있는 꽃이 긴 꽃줄기에 여러 송이 어긋나게 달린 꽃차례.
꽃줄기 아래에서 위로 가면서 피며, 꽃자루의 길이가 거의 같다.

총포 포가 한데 모인 것. 꽃 여러 송이로 된 꽃차례에서 꽃마다 달린 꽃자루가
짧아짐에 따라 꽃자루에 달린 포가 다닥다닥 붙어서 된 부분이다.

ㅌ

타원꼴(타원형) 길이가 너비의 2배가 되는 길고 둥근 모양.

턱잎(탁엽) 잎겨드랑이에서 잎자루 양쪽에 달리는 잎. 비늘 모양이다.

통꽃(합판화) 꽃잎의 일부나 전부가 붙어 있는 꽃.

ㅍ

포 잎이 모양을 바꾸어서 된 기관. = 포엽

포린 구과식물의 열매에서 밑씨가 달리지 않는 비늘조각.

피침꼴(피침형) 창처럼 생겼으며, 길이가 너비의 몇 배가 되고,
밑에서 1/3 정도 되는 부분이 가장 넓으며, 끝이 뾰족한 모양.

ㅎ

한해살이풀(일년초) 봄에 싹이 터서 가을에 열매를 맺고 말라 죽는 식물.

핵과 나무처럼 단단한 속껍질(핵) 속에 씨앗이 들어 있고, 속껍질의 바깥을
살이 많은 중간껍질이 덮고 있는 열매.

협과 콩과식물에서와 같이 속이 여러 칸으로 나뉘어져 있고 칸마다 씨앗이
들어 있으며, 익은 뒤 마르면 2개의 봉선을 따라서 터지는 열매.

홀수깃꼴겹잎(기수우상복엽) 복엽으로 작은잎의 수가 홀수이며 깃털처럼 줄지어 붙은 잎.

화피조각(화피편) 화피를 이루는 낱낱의 조각.

숲 체험 장소

산림박물관

광릉 경기 포천시 소흘읍 직동리 031-540-1033

춘천 강원 춘천시 사농동 033-243-6012

공주 충남 공주시 반포면 도남리 041-850-2622

순창 전북 순창군 복흥면 서마리 063-280-2664

안동

경북 안동시 도산면 동부리 054-855-8681~3

진주 경남 진주시 가좌동 055-750-6351

수목원

홍릉 서울 동대문구 청량리동 02-961-2871

국립 경기 포천시 소흘읍 직동리 031-540-1114

춘천 강원 춘천시 사농동 033-243-6012

미동산 충북 청원군 미원면 미원리 043-220-5584

공주 충남 공주시 반포면 도남리 041-850-2631

대아 전북 완주군 동상면 대아리 063-243-1951

완도 전남 완도군 군외면 대문리 061-552-1544

내연산

경북 포항시 북구 죽장면 상옥리 054-262-6110

진주 경남 진주시 이반성면 대천리 055-754-7969

한라 제주 제주시 연동 064-746-4423

산림욕장

윤산 부산 금정구 금사동 051-519-4543

계명산 부산 금정구 청용동 051-514-5501

장산 부산 해운대구 좌동 051-749-4533

비슬산 대구 달성군 유가면 용리 053-614-5481

호룡곡산 인천 중구 무의동 032-760-7580

계양산 인천 계양구 계산동 032-450-5652

보문산 대전 중구 사정동 042-581-3516

성북 대전 유성구 성북동 042-825-3807

장동 대전 대덕구 장동 042-623-9909

상소동 대전 동구 상소동 042-250-1119

초록산 경기 화성시 양감면 사창리 031-369-2344

서봉산 경기 화성시 봉담면 덕우리 031-369-2344

황악산 경기 여주군 여주읍 매룡리 031-880-1341

마감산 경기 여주군 강천면 걸은리 031-880-1332

구름산 경기 광명시 하안동 02-2680-6468

남한산성

경기 성남시 중원구 상대원동 031-729-5330

축령산 경기 남양주시 수동면 외방리 031-592-0681

독산성 경기 오산시 양산동 031-370-3411

박달산 경기 파주시 광탄면 마장리 031-940-4631

소요산 경기 동두천시 상봉암동 031-860-2411

봉화산 강원 원주시 단계동 033-741-2511

봉래산 강원 영월군 영월읍 영흥리 033-370-2422

기룡산 강원 인제군 인제읍 상동리 033-460-2073

낭천 강원 화천군 화천읍 중리 033-440-2423

남산 강원 평창군 평창읍 상리 033-330-2422

봉황산 강원 삼척시 정상동 033-570-3425

거진해맞이봉

강원 고성군 거진읍 거진리 033-680-3426

화부산 강원 강릉시 교동 033-640-5185

망산 강원 영월군 주천읍 신일리 033-370-2710

매봉 강원 평창군 대화면 대화리 033-330-2412

운암 충북 청원군 미원면 운암리 043-251-3424

황간 충북 영동군 황간면 우매리 043-740-3445

봉학골 충북 음성군 음성읍 용산리 043-871-3418

용두산 충북 제천시 모산동 043-640-6334

덕동 충북 제천시 백운면 덕동리 043-220-5585

대성산 충북 단양군 단양읍 별곡리 043-420-3186

삼년산성 충북 보은군 보은읍 풍취리 043-540-3352

수룡 충북 충주시 노은면 수룡리 043-850-5554

구룡산 충북 보은군 회인면 쌍암리 043-540-3351

잣고개 충북 진천군 진천읍 행정리 043-539-3022

성주산 충남 보령시 성주면 성주리 041-930-3529

성흥산성 충남 부여군 임천면 군사리 041-835-2371

남산 충남 홍성군 홍성읍 남장리 041-630-1422

장항송림 충남 서천군 장항읍 송림리 041-950-4422

진악산 충남 금산군 남이면 석동리 041-750-2377

아미산 충남 당진군 면천면 죽동리 041-350-3581

삼선산 충남 당진군 고대면 진관리 041-350-3581

광덕산 충남 아산시 송악면 강당리 041-540-2479

태조산 충남 천안시 동남구 유량동 041-550-2520

향로산 전북 무주군 무주읍 읍내리 063-320-2428

방화동 전북 장수군 번암면 사암리 063-353-0855

대아 전북 완주군 동상면 대아리 063-243-1951

추령 전북 순창군 복흥면 서마리 063-652-6792

정읍사공원 전북 정읍시 시기동 063-530-7422

한천 전남 화순군 한천면 오음리 061-370-1386

금성산 전남 나주시 경현동 061-330-8705

나주호 전남 나주시 다도면 판촌리 061-330-8422

식산 전남 나주시 산포면 산제리 061-336-6300

용암 전남 보성군 문덕면 용암리 061-850-5424

홍길동우드랜드

전남 장성군 북하면 월성리 061-390-7423

모암 전남 장성군 서삼면 모암리 061-390-7423

천지 전남 함평군 대동면 운교리 061-330-3422

용천사 전남 함평군 해보면 광암리 061-320-3426

보림사비자림

전남 장흥군 유치면 신월리 061-860-0425

억불산 전남 장흥군 장흥읍 평화리 061-860-0427

동촌 전남 고흥군 고흥읍 호형리 061-830-5422

주산 경북 고령군 고령읍 지산리 054-954-1932

구봉산 경북 의성군 의성읍 팔성리 054-830-6313

팔각산 경북 영덕군 달산면 주응리 054-733-6314

천생산성 경북 구미시 인의동 054-480-5577

문수 경북 구미시 산동면 인덕리 054-480-5577

청송 경북 청송군 부남면 화장리 054-870-6313

삼산 경북 성주군 성주읍 삼산리 054-930-6313

철탄산 경북 영주시 영주1동 054-639-6311

불정 경북 문경시 불정동 054-552-9443

갈라산 경북 안동시 길안면 배방리 054-822-6920

도음산

경북 포항시 북구 흥해읍 학천리 054-245-6665

신어산 경남 김해시 삼방동 055-330-4431

자하곡 경남 창녕군 창녕읍 송현리 055-530-2491

감리 경남 창녕군 고암면 감리 055-530-2491

진양호 경남 진주시 판문동 055-749-5567

월아산 경남 진주시 문산읍 상문리 055-749-5566

천자봉 경남 진해시 장천동 055-548-2291

천주산 경남 창원시 북면 외감리 055-280-2332

용두목 경남 밀양시 가곡동 055-359-5358

무학산 경남 마산시 해원동 055-240-2545

계룡산 경남 거제시 장평동 055-639-3757

입곡 경남 함안군 산인면 입곡리 055-580-2582

남산 경남 의령군 의령읍 중동리 055-570-2421

망운산 경남 남해군 남해읍 아산리 055-860-3271

산림청이 운영하는 자연휴양림

유명산 경기 가평군 설악면 가일리 031-589-5487

중미산 경기 양평군 옥천면 신복리 031-771-7166

산음 경기 양평군 단월면 산음리 031-774-8133

청태산 강원 횡성군 둔내면 삽교리 033-343-9707

삼봉 강원 홍천군 내면 광원리 033-435-8536

용대 강원 인제군 북면 용대리 033-462-5031

방태산 강원 인제군 기린면 방동리 033-463-8590

복주산 강원 철원군 근남면 잠곡리 033-458-9426

대관령 강원 강릉시 성산면 어흘리 033-644-8327

미천골 강원 양양군 서면 황이리 033-673-1806

가리왕산 강원 정선군 정선읍 회동리 033-562-5833

신불산폭포

울산 울주군 상북면 이천리 052-254-2124

청옥산 경북 봉화군 석포면 대현리 054-672-1051

통고산 경북 울진군 서면 쌍전리 054-782-9007

칠보산 경북 영덕군 병곡면 영리 054-732-1607

검마산 경북 영양군 수비면 신원리 054-682-9009
운문산 경북 청도군 운문면 신원리 054-371-1323
속리산말티재
충북 보은군 외속리면 장재리 043-543-6283
희리산해송
충남 서천군 종천면 산천리 041-953-9981
오서산 충남 보령시 청라면 장현리 041-936-5465
덕유산 전북 무주군 무풍면 삼거리 063-322-1097
회문산 전북 순창군 구림면 안정리 063-653-4779
운장산 전북 진안군 정천면 갈용리 063-432-1193
천관산 전남 장흥군 관산읍 농안리 061-867-6974
방장산 전남 장성군 북이면 죽청리 061-394-5523
낙안민속 전남 순천시 낙안면 동내리 061-754-4400
지리산 경남 함양군 마천면 삼정리 055-963-8133
남해편백 경남 남해군 삼동면 봉화리 055-867-7881
서귀포 제주 서귀포시 대포동 064-738-4544
제주절물 제주 제주시 봉개동 064-721-4075

개인이 운영하는 자연휴양림
간월 울산 울주군 상북면 등억리 052-262-3770
청평 경기도 가평군 청평면 삼회리 031-584-0528
설매재 경기 양평군 옥천면 용천리 031-774-6959
국망봉 경기 포천시 이동면 장암리 031-532-0014
둔내 강원 횡성군 둔내면 삽교리 033-343-8155
주천강강변
강원 횡성군 둔내면 영랑리 033-345-8227
우인 강원 횡성군 갑천면 포동리 033-344-3391
두릉산 강원 홍천군 서면 팔봉리 033-430-7501
진산 충남 금산군 진산면 묵산리 041-753-4242
성수산 전북 임실군 성수면 성수리 041-642-9456
남원 전북 남원시 갈치동 041-635-8846
안양산 전남 화순군 이서면 안심리 061-373-4199
사평 전남 화순군 남면 사수리 061-372-6337
학가산우래
경북 예천군 보문면 우래리 054-652-0114

중산 경남 산청군 시천면 중산리 055-972-0675
원동 경남 양산시 원동면 내포리 055-754-2396

지방자치단체가 운영하는 자연휴양림
비슬산 대구 달성군 유가면 용리 053-614-5481
만인산 대전 동구 하소동 042-273-1945
축령산 경기 남양주시 수동면 외방리 031-592-0681
치악산 강원 원주시 판부면 금대리 033-762-8288
잡다리골 강원 춘천시 사북면 지암리 033-243-1443
가리산 강원 홍천군 두촌면 천현리 033-435-6034
태백고원 강원 태백시 철암동 033-550-2082
박달재 충북 제천시 백운면 평동리 043-652-0910
장용산 충북 옥천군 군서면 금산리 043-730-3474
조령산 충북 괴산군 연풍면 원풍면 043-833-7994
봉황 충북 충주시 가금면 봉황면 043-855-5962
계명산 충북 충주시 종민동 043-850-5880
옥화 충북 청원군 미원면 운암리 043-251-3424
민주지산 충북 영동군 용화면 조동리 043-740-3442
칠갑산 충남 청양군 대치면 광대리 041-943-4510
만수산 충남 부여군 외산면 삼산리 041-830-2348
용봉산 충남 홍성군 홍북면 상하리 041-630-1784
안면도 충남 태안군 안면읍 승언리 041-674-5019
성주 충남 보령시 성주면 성주리 041-930-3529
남이 충남 금산군 남이면 건천리 041-753-5706
금강 충남 공주시 반포면 도남리 041-850-2661
영인산 충남 아산시 영인면 아산리 041-540-2479
태학산
충남 천안시 동남구 풍세면 삼태리 041-550-2428
대아 전북 완주군 동상면 대아리 063-243-1951
와룡 전북 장수군 천천면 와룡리 063-353-1404
방화동 전북 장수군 번암면 사암리 063-640-2562
세심 전북 임실군 삼계면 죽계리 063-640-2425
고산 전북 완주군 고산면 오산리 063-240-4428
남원흥부골
전북 남원시 인월면 인월리 063-620-6791

백아산 전남 화순군 북면 노치리 061-374-1493

한천 전남 화순군 한천면 오음리 061-370-1368~9

유치 전남 장흥군 유치면 신월리 061-863-6350

제암산 전남 보성군 웅치면 대산리 061-852-4434

팔영산 전남 고흥군 영남면 우천리 061-830-5386

백운산 전남 광양시 옥룡면 추산리 061-763-8615

가학산 전남 해남군 계곡면 가학리 061-535-4812

청송 경북 청송군 부남면 대전리 054-872-3163

토함산 경북 경주시 양북면 장항리 054-772-1254

불정 경북 문경시 불정동 054-552-9443

군위장곡

경북 군위군 고로면 장곡리 054-380-6317

옥녀봉 경북 영주시 봉현면 두산리 054-636-5928

구수곡 경북 울진군 북면 상당리 054-783-2241

성주봉

경북 상주시 은척면 남곡리 054-541-6512~3

계명산 경북 안동시 길안면 고란리 054-822-6920

용추 경남 함양군 안의면 상원리 055-963-9611

거제 경남 거제시 동부면 구천리 055-639-8115~6

금원산 경남 거창군 위천면 상천리 055-943-0340

오도산 경남 합천군 봉산면 압곡리 055-930-3733

개인 및 지방자치단체가 운영하는 식물원

해여림식물원

경기 여주군 산북면 상품리 031-882-1700

한택식물원

경기 용인시 처인구 백암면 옥산리 031-333-3558

신구대학식물원

경기 성남시 수정구 상적동 031-723-6677, 9770

안산식물원

경기 안산시 상록구 이동 031-481-3168

강원도립화목원

강원 춘천시 사농동 033-243-6016

한국자생식물원

강원 평창군 대관령면 유천리 033-332-7069

고운식물원

충남 청양군 청양읍 군량리 041-943-6245

세계꽃식물원

충남 아산시 도고면 봉농리 041-544-0747

기청산식물원

경북 포항시 북구 청하면 054-232-4129

거제자연예술랜드

경남 거제시 동부면 구천리 055-633-0004

여미지식물원

제주 서귀포시 색달동 064-735-1100

개인이 운영하는 수목원

꽃무지풀무지수목원

경기 가평군 하면 대보리 031-585-4875

아침고요수목원

경기 가평군 상면 행현리 031-584-6702~3

양평들꽃수목원

경기 양평군 양평읍 오빈리 031-772-1800

금강수목원

충남 공주시 반포면 도남리 041-850-261~3

천리포수목원

충남 태안군 소원면 의항리 041-672-9310

전주수목원

전북 전주시 덕진구 반월동 063-212-0652

대구수목원

대구 달서구 대곡동 053-642-4100

목도수목원

경남 의령군 가례면 괴진리 055-574-4458~9

식물 찾아보기

학명 찾아보기

참고문헌

단행본

고경식 · 김윤식, 『원색 한국식물도감』, 아카데미서적, 1989.

김삼식 외 2명, 『원색 한국수목도감』, 계명사, 1987.

김용식 외 5인, 『한국조경수목도감』, 광일문화사, 2000.

김정명, 『한국의 야생화』, 한국야생화보존회, 2002.

김준석 외 12인, 『신제 조경수목학』, 향문사, 1987.

김창호 · 윤상욱, 『원색 자원수목도감』, 아카데미서적, 1996.

김태정, 『쉽게 찾는 우리 꽃-가을, 겨울』, 현암사, 1989.

김태정, 『쉽게 찾는 우리 꽃-봄』, 현암사, 1989.

김태정, 『쉽게 찾는 우리 꽃-여름』, 현암사, 1989.

박수현, 『한국귀화식물원색도감』, 일조각, 2000.

박용진 외 7인, 『신고 조경수목학』, 향문사, 2003.

산림청, 『산림 휴양시설 안내』, 2008.

'생명의 숲' 숲해설 교재편찬팀, 『숲해설 아카데미』, 현암사, 2005.

서민환 · 이유미, 『우리나무백과사전』, 현암사, 2003.

서민환 · 이유미, 『우리풀백과사전』, 현암사, 2003.

서영대 · 김재온, 『수목의 진단과 조치』, 두양사, 2007.

송기엽 · 윤주복, 『야생화 쉽게 찾기』, 진선, 2003.

심경구 외 12인, 『조경수목학』, 문운당, 2002.

윤주복, 『나무 쉽게 찾기』, 진선, 2006.

이영노, 『원색 한국식물도감』, 교학사, 2002.

이창복, 『신고 수목학』, 향문사, 2002.

이창복, 『원색 대한식물도감』, 향문사, 2002.

임경빈, 『나무백과(1권~5권)』, 일지사, 1997.

임경빈, 『식물편 천연기념물』, 대원사, 1993.

전영우, 신만용, 김기원 외, 『숲이 있는 학교』, 이채, 1999.

조무연, 『원색 한국수목도감』, 아카데미서적, 1989.

최영전, 『한국민속식물』, 아카데미서적, 1997.

한국종합조경공사, 『조경용소재도감』, 삼문당, 1984.

국외 자료

北村四郎, 村田 源, 『原色 日本植物圖鑑 - 木本編 I, II』, 保育社, 1983.

北村四郎, 村田 源, 『原色 日本植物圖鑑 - 草本編 I, II, III』, 保育社, 堀勝, 1983.

기타 자료

http//www.daum.com

http//www.forest.go.kr

http//www.naver.com